裸露的尺度

泳衣文化史

[法]奥黛莉·米耶 著

彭禄娴 译

生活·讀書·新知 三联书店

Simplified Chinese Copyright © 2025 by SDX Joint Publishing Company.
All Rights Reserved.
本作品简体中文版权由生活·读书·新知三联书店所有。
未经许可，不得翻印。

图书在版编目（CIP）数据

裸露的尺度：泳衣文化史／（法）奥黛莉·米耶著；彭禄娴译.-- 北京：生活·读书·新知三联书店，2025.5.--（新知文库）.-- ISBN 978-7-108-08014-1

Ⅰ.TS941.734-095.65

中国国家版本馆 CIP 数据核字第 20252S8V06 号

责任编辑　张静芳
装帧设计　陆智昌　赵　欣
责任校对　张　睿
责任印制　李思佳

出版发行　生活·讀書·新知三联书店
　　　　　（北京市东城区美术馆东街 22 号 100010）
网　　址　www.sdxjpc.com
经　　销　新华书店
印　　刷　河北松源印刷有限公司
版　　次　2025 年 5 月北京第 1 版
　　　　　2025 年 5 月北京第 1 次印刷
开　　本　635 毫米 × 965 毫米　1/16　印张 15.25
字　　数　178 千字
印　　数　0,001－4,000 册
定　　价　45.00 元

（印装查询：01064002715；邮购查询：01084010542）

新知文库

出版说明

在今天三联书店的前身——生活书店、读书出版社和新知书店的出版史上，介绍新知识和新观念的图书曾占有很大比重。熟悉三联的读者也都会记得，20世纪80年代后期，我们曾以"新知文库"的名义，出版过一批译介西方现代人文社会科学知识的图书。今年是生活·读书·新知三联书店恢复独立建制20周年，我们再次推出"新知文库"，正是为了接续这一传统。

近半个世纪以来，无论在自然科学方面，还是在人文社会科学方面，知识都在以前所未有的速度更新。涉及自然环境、社会文化等领域的新发现、新探索和新成果层出不穷，并以同样前所未有的深度和广度影响人类的社会和生活。了解这种知识成果的内容，思考其与我们生活的关系，固然是明了社会变迁趋势的必需，但更为重要的，乃是通过知识演进的背景和过程，领悟和体会隐藏其中的理性精神和科学规律。

"新知文库"拟选编一些介绍人文社会科学和自然科学新知识及其如何被发现和传播的图书，陆续出版。希望读者能在愉悦的阅读中获取新知，开阔视野，启迪思维，激发好奇心和想象力。

生活·讀書·新知 三联书店

2006年3月

献给挚爱，克里斯托弗

目 录

前 言 ... 1
裸露作为一个问题 ｜ 泳衣的社会学 ｜ 激情符号

第一部 泳衣诞生之前的身体

第一章 古希腊罗马文化中的水与女人 ... 9
繁殖和混沌 ｜ 怒海与水疗 ｜ 可怕的水中仙女 ｜ 浴场社交与海滨冥思 ｜ 服务于男性的哲学和医学 ｜ 法律的不平等塑造出的女性身体 ｜ "促进文明"口号下的结构性女性歧视 ｜

第二章 中世纪对女性的强烈排斥 ... 23
被抹除的女性身体 ｜ 突然消失的水 ｜ 女性排斥：一种政治武器 ｜ 女性的物化：通奸、性侵的后果 ｜ 滋养的水、可疑的女人 ｜

第三章 恐惧，评估女性身体的工具 ... 35
洗浴的双重心理 ｜ 打造全新的夏娃 ｜ 理想国：巴登浴场 ｜

第二部　从实用到享乐

第四章　海水浴的出现　　　　　　　　　　59
呼之欲出的游泳运动 ｜ 身体活动的重大进展 ｜ 从遮掩到裸露？ ｜

第五章　初期海滨浴场的装束（1800～1850）　　　81
全新的卫生保健：当水走入日常生活 ｜ 水中维纳斯的诞生 ｜ 笼罩在阴影之下的女性诉求和标准的束缚 ｜

第六章　体形的变化和泳衣的出现（1850～1920）　　97
体形的变化 ｜ 泳衣总览：从时尚到运动 ｜ 反抗的服饰？ ｜

第三部　泳衣，不可或缺的服饰

第七章　两次世界大战期间的泳衣　　　　　123
泳衣制造业：美国的胜利 ｜ 新产品的普及 ｜ 海边：变化的环境 ｜ 全新身材的出现 ｜ 秩序！ ｜

第八章　声名鹊起的泳衣　　　　　　　　148
"二战"后的乐观情绪 ｜ 新一轮的身体塑形 ｜ 泳衣的性感化和文化挑衅 ｜ 总有一款适合你？ ｜ 新自由主义下的后女性主义？ ｜ 收复权力 ｜

第九章　当下的问题　　　　　　　　　　170
当下的泳衣行业 ｜ 泳衣加身：身体的一种超文化？ ｜ 乌托邦的时代 ｜ 受到质疑的遮身服饰和头巾 ｜ 金色泳衣加身的抗议？ ｜

结　论　　　　　　　　　　　　　　　　　　　185
认识与重新认识：从水到女人的身体 ｜ 身体解放的幻影 ｜ 泳衣的赞歌 ｜

原书注释　　　　　　　　　　　　　　　　　190
参考文献　　　　　　　　　　　　　　　　　209
致　谢　　　　　　　　　　　　　　　　　　223

人身上最讳莫如深的，是肌肤。

（Paul Valéry，L'Idée fixe，1931）

海边
没有了你的面孔
让我沮丧
广告画面般的
海边
一切都在闪动
水上冲浪、帆板
烟花
多么地迷人
多么地可笑

（Julien Doré，Les bords de mer，2009）

前　言

作为一名研究身体和服饰时尚的历史学者，与泳衣这一主题邂逅，感觉既尴尬又稀奇。为巴掌大小的衣饰专门撰写一本书，也许看起来肤浅而无聊，在不习惯于研究芥微之物的学者眼里，这无异于精神上的休闲。不过，泳衣虽只遮挡方寸肌肤，揭示出来的却大有乾坤，因此在学术研究对象的行列里，应有它的一席之地。芳香的泳衣，道貌凛然者嗤之以鼻，时尚追逐者则趋之若鹜。这一寸缕的夏季衣饰不再是研究课题里的可怜虫，它所揭示的是呈现在众目之下的身体；与此同时，它也述说着女性的身体缘何受到赞美，又缘何受到贬低。泳衣的伊始，是身体。

裸露作为一个问题

泳衣的发展史横跨一段长长的时期。身体、水与社会之间的关系始于古代社会。诚然，那时还根本没有泳衣，也没有泳池和游泳运动。要游水，必须先熟悉水性，对水不再感到惧怕。浴水的缺乏是解读的关键，它能让我们理解古人的畏惧和礼法；而有关身体洁净、卫生护理等方面又为我们理解身体和水的关系提供了某些准则。

通过泳衣，我们看到的是关于身体，尤其是女性身体的复杂历史的一个剖面，而这正是我们要研究的重点。在和一副身着比基尼躺在沙滩浴巾上享受日光浴的躯体交错而过，在瞥见一栋海滨度假别墅，甚至是在无意中翻阅一本游泳指南之前，我们需要先理解身体裸露比例的演变。这一比例的确立发生在权力空间，而女性长期以来被排除在外。

古代神话故事早已表现了由女性身体带来的焦虑，由此产生了关于女性身体的禁令，以及女性应当采纳的体态规范。一神论的宗教在这一问题上同样有着一定的观点。不过，对女性身体这一论题纠缠不休的，不是三大宗教的经书，而是诠释经书的各色人物，譬如布道者（刻在女人身上的"阴险歹毒"的烙印便是其杰作）、道学家、编故事之徒以及其他审查官；在他们的蓄谋之下，社会上普遍出现了憎恶或鄙视女性的情绪，而这意味着女人的抛头露面，尤其是身体的展露受到排斥。因此，探究泳衣的历史，首先离不开对于女性躯体的刻画、对于身体裸露的接受与否、对于男性和女性之间持续不平等关系的研究；其次是对于人们有关水、沿岸地带、悬崖、沙滩的认知的分析，有关浪涛的描写，尽管有时文采卓然，却往往流露出某种病态、恶毒的情绪，与流传的女性形象有许多共通之处；最后，我们看到，是医学和科技的整体进步改变了人们对于水的认知，支持性别平等的运动也将成为泳衣诞生的主要驱动力。

泳衣的社会学

泳衣这一现代服饰的隐晦暧昧由来已久，从属于意识和潜意识的共同想象。关于身体与水之关系的历史，我们将从研究神话故事中的沐浴场景开始。古代的沐浴画面呈现出的女性体态，恭顺温婉的同时，却是一丝不挂。而当女性的身体在性别地位和权力地位上，收复了她的母性身份和自由之时，我们需要先理解对于身体在公共空间的这种裸露（即便只是部分的裸露）的禁止，才能领会允许裸露的重要性。由于沐浴泡澡是两性权益差异或不平等的一个指标，因此把泳衣的发展史与政治的发展史相对照，就会显示出一种令人窘迫的关系。泳衣的历史依次呈现的是：主导的社会环境、女性地位的低下、两性共处引发的忧惧、肉体欢愉的禁绝、体育运动的盛行，以及男女平等的诉求。在泳衣这一片布料上，我们同样看到了有关男性的焦虑与挫败感的故事，以及女性主义的标志。有时，它的裁剪也会成为社会、经济、政治冲突的符号，它的样式则表明了礼法的松动——从社会习俗、行为准则的意义而言，公序良俗让位于其他准则。泳衣甚至可以变为女性公民身份的外衣。

泳衣的历史，是身体发肤呈现在众目之下的历史，是近代身体的展示史，是身体和织物为了促进体育运动、女性权益的发展而相互结合的历史，也是男性就女性身体确立的禁忌的历史，因而也从属于父权制的历史。我们也不要忽略了与身体成为消费对象息息相关的资本社会和纤维工艺的发展史。最后，它还是争取权利的历史，各方力量在一段肌肤欲遮还露的戏舞中达到平衡。这便是泳衣，纤小、微末，却能从文明的流沙以及它的愤怒中挣脱出来，成为现代社会的某一主角！

1940年，美国记者、政治关系与文化关系方面的专家福斯特·雷亚·杜勒斯（Foster Rhea Dulles）精辟地阐述了对泳衣的接受在社会学上的意义：

> 现代泳衣……比起短裙、爵士乐时代的平齐式短发，或者网球和高尔夫球爱好者肌肉发达的双肩，更能象征女性崭新的

地位。当女性的穿着符合运动的要求，而不是遵循某一过时的习俗或禁忌，并且自由自在、自然而然地和男性一起享受运动带来的快乐，享受她们自己想要的休闲活动的权利时，泳衣就不仅是女性这一权利的完美确认，也是至高无上的标志。[1]

不同的社会都给女性这一角色指派了不同的禁忌，尤其是洗浴，总是被那些自称捍卫良俗的卫道士所禁止。洗浴是出于洁身、治疗、消遣、宗教等意图，把整个身体或其中的一部分泡在水里。人们往往把洗浴和游水区分开来，后者主要是身体在水里的自然游动，而当它成为一项运动时，确切地说，就是游泳。

激情符号

随着时间的流逝，泳衣成了全球化时尚的一个显著符号。它的样式随着文化、经济、宗教、美学、性别和技术等因素发生变化。它的存在离不开想象力和欲望，这也是为什么它会激起情欲。厄洛斯老去，丘比特就在不远处。不仅选美比赛的佳丽们身穿泳衣，总统候选人的泳装照也出现在公众视野，泳衣纳入了公众生活的一切层面。每个时代都有相应的泳衣样式；它的尺寸，伴随着社会的每一次进步而缩减。梦幻般的泳衣美女成为一道永久的风景线。在美国，每年的7月4日，人们大可以把自己的爱国热情套在泳衣泳裤上，以此庆祝他们的独立日。一百多年来，泳衣已经成为让女人宽衣解带的主要方式。制造商们抓住时机，确定身体和布料之间的"战争"边界。他们决定哪些部位要展示，哪些部位要遮掩。身体的裸露和超性感化的趋势必然提出完美身材的问题。女人的躯体在被种种填充物和肉毒素之类的针剂侵扰之前，就已经被吹毛求疵了。

这还没有结束。洗海水浴的游客在海滩有了展示其活力的可能性。从海滨浴场到海上运动，身体在沙滩浴巾上铺展开来……泳衣很快就变得奇特夸张，并创造出它自身的神话和礼法。海滨浴场成了自我释放和纵情欢乐的借口，即便这类新型享受有时被视为有伤风化……对于这一现象，泳衣设计师有着一定的责任，因为他们的观念和道德权威背道而驰。对他们而言，"社会认同"要服从于创造性思维或创作精神。他们摧毁身体的冲突、昔日的礼法，宣布三角内裤、塑形胸罩、比基尼的登场，引导裸露的胸脯呈现在阳光之下，有时又增添新的饰物，凡此等等，进而改变标准，开创出新的礼法。

泳衣也许是史上最受贬损的衣物，被形容为肤浅、下流、轻佻；但它的出现却有着深刻的意义：人们通常以珠围翠绕、绫罗环身为荣，可是泳衣却颠覆了这一观念，天然的形体、暗黄的肌肤、凸起的肚腩以及体毛等，最终被真实地呈现出来。这一副实在难看的躯体，该拿它怎么办呢？严谨地管理身体以便保持良好的身材，使之符合某种标准，此类想法的出现，皆因身着泳衣刹那间就凸显出躯体的种种信息。它不会改变身体的天然状态，它表明完美并不存在，它突出形体的缺陷。女性在水中的形象演变，也是一部身体的历史：它的成功，它的挫败，它的梦想，它的神话，以及它的禁忌和倒退。

泳衣是一种载体，投射出大众的幻梦和流行趋势，同时也是社会运动的一种标志。它因过于暴露而受到诋毁，也因引起生理兴奋而备受毁谤。它更是突然获得的自由，那种让身体尽享阳光抚摸的自由的代名词。

第一部

泳衣诞生之前的身体

第一章　古希腊罗马文化中的水与女人

神话力图从某些方面解释世界和生活。自然界里的要素（水、空气、土、火）在神话故事中扮演着重要角色，常常化身为神明、半神或凡人等。和水相关的神话故事形象地表现了人类的想象和思维，尤其是他们关于神圣、禁忌、法则、生命、死亡以及未来的想法。人类的集体思维一般把水视为生命之源和净化之本，却忽略了有关水的形象中阴森恐怖的一面。实际上，溪流、江河、海岸、浴场对古代的学者有所启示。水的流动、不稳定使之成为一种危险因素，远离水成了人们经常听到的告诫。女人如水一般温润丰饶，也如水一般难以掌控。对古希腊罗马神话中沐浴场景的分析表明，古人至少存在三种类型的恐惧：对于死亡，对于女人，以及对于裸露的恐惧。

古希腊神话涵盖了一段相当长的时期，从公元前1650年的迈锡尼文明一直持续到公元前146年的古罗马统治时代。水和生命创造之间的关系在古希腊神话中比比皆是。海洋是变化莫测之地。俄刻阿诺斯（Océan）是水的化身，他的妻子特提斯（Téthys）则代表了大海的富饶和女性的繁殖力。他们是大地女神盖亚与天宇之神乌拉诺斯结合生下的儿女。犹如公元前8世纪的古希腊诗人赫西俄德（Hésiode）在他的《神谱》中所叙述的那样，他们又生下了象征溪流、湖泊等各种水体的河神和水中仙女。不过，在神话这种庄严的叙事背后，是混乱的分娩、生命的孕育和繁殖力。桀骜不驯的大海和波涛汹涌的海岸对于古代的人类，尤其对于古代女性而言，是危险的地域。神话故事每每强调水中沐浴的危险，以及赤身裸体的后果。

至于罗马文化，则借用或吸收了古希腊、埃及、叙利亚，甚至是高卢在宗教和文化上的一些概念。古罗马诸多学说混合的文化，从整体上也传播了对于女性及其胴体的恐惧。不过，在当时的公共浴室里，令人恐惧的表象背后隐藏着的是罗马人的社交能力和天赋。耸立在蛮族亦即异族面前的，是罗马庞大的引水渠系统、公共浴室里的政治密谈、罗马男人在海边的闭关静修之所。女性和男性的活动领域依然相互区隔。水是一种女性化的要素，柔弱、摇荡，且不可控。而这正是由医学人士和掌权者确立的结构性的女性歧视所勾勒出的女性身形，这一身形又被排除在私人空间和公共空间的众多活动之外。

繁殖和混沌

奥林匹斯诸神在神祇之战后对世界进行了划分，波塞冬掌管海洋、江川、溪流、河湖。一切水域都属于他的版图，就像宙斯掌管天宇，哈迪斯掌管冥府。三叉戟，波塞冬的象征之物，起初体现的是滔天巨浪和电闪雷鸣。地震和海上风暴都在他的统率之下。不过，传说之中，水总是和女人联系在一起，并成为生命繁殖的一个要素。据赫西俄德所述，克洛诺斯割下乌拉诺斯的阳具，抛入海中，化为白色的浪花，从中诞生出阿弗洛狄忒（Aphrodite）——代表爱欲和生育的女神,她也是大海和被切除的阳具的后代。

大约编写于公元1年的《变形记》(Les Métamorphoses),同样强调了水和变形或化身之间的关系。在奥维德(前43～18)笔下,流水代表的是一种过渡的状态。对于埃涅阿斯(Énée)——阿弗洛狄忒和安喀塞斯(Anchise)唯一不是神明的儿子,河流是他晋升神祇之前例常沐浴的地方。众所周知,阿弗洛狄忒为这个葬身于努米修斯河(Nomicus)的儿子,取得了神明的身份。而在古希腊神话的另一章节中,宙斯为了逃避赫拉的戒备,诱骗腓尼基的公主欧罗巴(Europe),化身为一头白色的公牛。当欧罗巴一爬上它的背部,公牛——繁殖力的符号——立马跃起,向大海飞奔而去。公牛驮着欧罗巴在海里一直往前,直到克里特岛。在这个岛上,宙斯和年轻的女孩结合,生下三个儿子。海水在这个故事里化身为屏障,几近庇护之所,情人因而可以纵情欢愉,无须惧怕可能前来追捕的人。古人清楚地知道,广阔的海洋对于航海者而言困难重重,极其危险。

怒海与水疗

在人类掌握航海技术之前,海岸一直是凶险之地。在希波克拉底之前的传说里,海岸呈现出的是一番恐怖的景象:茫茫大海上,是损坏的船只,是无法控制的风暴,是不可预测的滂沱大雨;海岸,大地和浪涛的交汇之地,横陈着死去的肉身,譬如被海潮冲上岸的人类尸体和淹死的动物。[1]每一粒沙子、每一块卵石、每一片礁石都散发着恶臭。黏糊糊的海洋生物、深不可测的洋流水域、荒蛮的海岸断崖,召唤着邪恶的魔鬼。波涛的声响和海浪的形态预示着死亡。至于海上风暴,在维吉尔和奥维德的叙述里,都变身为旋风。[2]狂风呼啸、巨浪滔天、电闪雷鸣，海上神秘莫测、折磨人心、令人不安的狂暴景象，犹如世界末日。无知是导致这一恐惧的缘由：古人尚不了解海水是如何在地球上流转的。因此，他们对极致有着浓厚的兴趣，譬如邪恶、神圣、禁忌、权威等。虽然贸易往来也有一定的发展，海岸在当时的文学叙述中依然是一个堆满腐尸烂物的地带。发现遥远的海岸、蛮族以及那里的热疾、独特气候，带来的是相应的不安。

古人对于水、对于水危害健康的惧怕，甚至深入到医学论著中。据传为希波克拉底所著的一套医学专论，大部分成书于公元前5世纪末期至公元前4世纪早期。[3]有关水对健康的影响在其中占据了显要的位置。当时，洗浴还不是一种日常的卫生措施，它只是权贵阶层疗愈病痛的一种手段。水在一间隔室里加热后，被洒在病人的身上——病人一定不能泡在浴盆里。从病榻走到水盆这一小段路途中，他须得沉默不语。仆人们把温热的水不断地、缓和地浇在他的身上，然后用海绵制品为他擦拭身体，并在肌肤干透之前抹上油。水成了一项真正的仪式中的一部分，但许多医嘱都指出泡澡会损害病人的健康。在利用水的疗效的同时，当时的医学论著同样给出了应该采纳的正确做法，以及应该避免的不当操作。

希波克拉底在他的医学文集《养生》(Les régimes)中介绍了合理和不合理的养生行为。用热水、温水，还是冷水沐身，沐身时空腹与否，对身体的影响都不尽相同。在希波克拉底的医学学说里，淡水或海水的蒸汽浴不失为一道医嘱。必要时用蒸汽，不过不要把整个身体浸泡在水里。在需要把身体全部打湿的情形下，医生要预先在肌肤上涂抹油脂，以避免海水的刺激。我们还能看到几个海水浴的处方，不过这些特殊的疗法揭示出来的却是古人对于水的普遍戒备之心——水会使人虚弱无力。人们认为水，特别是热水，会通过毛孔渗透进体内，破坏内脏器官。

并非所有类型的水都具有同样的价值。古人把水分为五类：沼泽地和湖泊里的死水，泉水，雨水，融化后的雪水，混杂的水。这种分类法被广为接受，所以当时的医学论著也就无须费力解释。[4]

大多数古人对于海滩都有着一种嫌恶的情感：暴风雨中的水手，被海浪摔死在桅杆上，发出巨大的声响；至于洗海水浴的女人，则要承受污言秽语。犹如女人令人感到害怕一般，海滩令人心生恐惧。人们看不到水的效用，主要缘于神话传说的影响和科学上的无知。而对于女性身体的诋毁——后来成为父权制的根基之一——也是如此。

可怕的水中仙女

对奥维德《变形记》的阅读，证实了裸露的身体对于古人的吸引力。然而，这部长诗里的梦境和幻象，却与人们所说的肉体的欢愉、身体的魅惑、掠过肌肤的炙热截然不同。有关水泽边、山泉边、海边的身影的神话传说，明显地影射着诱奸、暴力和死亡等可怕之事。靠近水泽或泉水，就有可能成为被觊觎的对象，并招来杀身之祸。

宁芙，一群居住在山林水泽中的仙女，活泼快乐、歌声优美、优雅迷人。她们乐善好施，庇护着钻入她们水泉的恋人们，他们在泉水的掩盖之下，可以尽表激情。然而，水并不总是柔情缱绻的庇护者。在卡利斯托（Callisto）的故事中，水泄露了她的隐情。在希腊语里，"卡利斯托"一词意为美丽动人，她被宙斯，也就是她的庇护神阿尔忒弥斯（Artémis）的父亲诱奸了，而阿尔忒弥斯推崇的是贞洁。卡利斯托试图隐藏她的有孕之身，但最终在河里的一次沐浴中被识破，并被阿尔忒弥斯所抛弃。贴合躯体的河水，泄露了令人感到羞愧的事实……

有关达芙妮（Daphné）的神话，如希腊诗人尼西亚的帕特尼奥（Parthénios de Nicée）在《爱的激情》（*Passions d'amour*）里讲述的一般，依然和暴力、性以及水有关。同样忠于阿尔忒弥斯的达芙妮，选择保持她的童贞。然而，她的天真无邪激起了琉喀珀（Leucippe）的欲望，后者乔装成一名少女接近她，并赢得了她的好感。同样迷恋达芙妮的阿波罗（Apollon），便建议她和女伴们一起在拉冬河（le Ladon）里沐浴，使得琉喀珀不得不露出了他的男儿身。少女们于是用标枪刺死了少年。阿波罗抓住机会，试图诱奸达芙妮。为了逃脱，少女向宙斯求救，众神之王便把她变成了一棵月桂树。再一次，河水揭露出一切秘密，引起杀身之祸，并招来诱惑和随之而来的变形。

水泉边的生活看似愉快、甜美，实则纷乱不安，远离水泽似乎成了避免悲剧——譬如因撞见水中仙女而发狂的惨剧——的最佳方式。那些美丽迷人的水中少女，宙斯的女儿、江河湖海中的仙女，并非总是亲切友好的。尽管她们疗治那些饮用她们的清波碧水的病人，但是后者必须小心，避免瞥见她们，不然会引起一时的精神错乱。暴君尼禄（37～68）就有过一次这样的痛苦经历。据说在一处由玛丽亚水道引入罗马的水泉里沐浴之后，尼禄病倒了。诸神的愤怒证明了他的亵渎行为。[5]

那喀索斯（Narcissus）的传说则告诉人们，凝视水中的自我也并非没有危险。那喀索斯本人亦是一名山林水泽的仙女被某位河神诱奸后生下的男孩，他由于爱上自己在水里的倒影而郁郁寡欢，最终憔悴而死。

不同于北欧传说中半人半鱼的美人鱼，希腊神话中出现的是半人半鸟的女海妖。她们的起源尚不明确。根据某些远古资料，她们原是一群年少的水仙，由于放任冥王哈迪斯（Hadès）把珀耳塞福涅（Perséphone）掳到了冥界，被变成了半人半鸟的女妖，而且毕生都须用她们的歌声预示冥府。另一种说法是：为了惩罚她们拒绝放弃贞洁，阿弗洛狄忒让她们长出了鸟掌和羽毛，只保留她们的少女容颜。无论如何，她们是格外可怕的：在阿尔戈英雄的故事里，一名水手被她们的歌声引诱，跳到海里以追寻她们。奥德修斯为了在听到她们歌声的同时又不致受其魅惑，吩咐同伴们把他绑在桅杆上，同伴们则用蜡堵住耳朵，避免听到歌声。最后，海妖从她们所在的礁岩上投海自尽。一直到18世纪，海妖的故事在各种神话传说中被不断地讲述，魅惑、诱奸、受到诅咒的命运、自尽，呼应了水手们想象中的事物，譬如饱受蹂躏而伤痕累累的身体，甚至是在礁石上摔得粉碎的残躯。

神话故事显然是在告诫人们——无论是男人，还是女人——不要靠近水。古希腊和罗马神话提醒人们提防一切因水而发生的悲剧。尤其是要避开水边的陆地，那里藏着许许多多寻找猎物的妖怪。犹如在深暗的水里一样，美丽的人儿在清澈的水里也是一种诱惑。由此看来，水在地中海文明中实在是一个模糊费解的元素，一方面它会引起人们的惊恐，另一方面它又是整个文明的组成部分。

浴场社交与海滨冥思

诚然，古希腊、古罗马人在夏季的出行中还没有涌向海边的习惯，但和水有关的活动在古代世界还是相当普遍的。夏天或者冬天，古希腊人在私人浴室或公共浴场里裸身洗浴，浴室的锅炉由奴隶们打理。此外，游泳对于战士们而言也是一项极好的训练。可见，古人对于水的感受模棱两可，介于神话故事滋养的恐怖心理和保持身体卫生的生活方式之间。

在古罗马帝国时期，上公共浴场洗澡从公元前2世纪开始流行开来。这一活动并不要求特殊的服饰，最多只着一件内衣。不存在男女混浴，因为男女的洗浴时间是错开的。浴场也是一个政治和社会活动的场所，人们在那里交谈各种事务。作为一种综合性建筑，公共浴场包含更衣室、热水室、冷水室和游泳室。因此，这些场所除了有沐身洁肤的功能之外，又增加了一些附属功能，即休闲娱乐与社交。

古希腊诗人奥维德于公元1年完成的《爱的艺术》(*L'art d'aimer*)，是一本情爱诱惑的实用教科书，阐述了端庄体面和身体展示之间难以平衡的关系。在这本书里，与魅惑、欺骗、任性、善变联系在一起的女人，形象并不讨喜——她对于礼物的渴求往往无法餍足，故而花销十分惊人；她总是爱招摇，动不动就哭泣、叫喊或晕倒，但她依然是男人喜欢的战利品。诗人把他的这部情爱教材分为两大部分：第一部分是专门写给男人的，第二部分则是写给女人的。虽说富裕阶层的男士自古希腊时代就开始刮除体毛，不过奥维德尤其主张女性保持这一纯属卫生习惯的行为。至于晒黑皮肤，如果说对于在战神山上操练的战士而言是完全可以接受的，那么对于女人来说，这显然是难以接受的。女人适宜的肤色，是"爱的颜色"，是洁白细致。她应该保有的是撑开的阳伞下浅淡的肌肤，以及像密涅瓦一般纤柔，甚至是纤弱的身材，从而"引起怜爱之心"。犹如楚楚动人的小鸟，女人的柔弱必然激发男人的保护欲。

我们知道，这些加在女性身上的"规定"，牢牢地扎根于西方文化之中。打扮得漂漂亮亮并不意味着以声色娱人，取悦恋人也在礼法允许的范围之内，不过一切都关乎平衡和解读。保持端庄大方，正如纳入所有人的日常生活并决定他们的行为规范的某一准则或习俗一样，是必然之事。梳妆打扮是可取的，但不要招摇、张扬。优雅在于干净整洁。女人们要拔除体毛，要用清水漱口，祛除口气。由于脸是人体最显眼的部位，所以要画眉毛，从而让目光显得更深邃；在双颊抹上粉红的胭脂，则是为了提升皮肤的美白。洗浴——奥维德的著作虽然没有专章述及，行文中却随处可见——显然已是人们的日常习惯之一。

实际上，古罗马时代的私人别墅和公共场馆等建筑，都证明了浴室是公民表达自豪的一种方式，是古罗马工程学的一种成果展示，更是对于水的征服的一首赞歌。当时就已经出现的海滨别墅成为富裕阶层的一种符号。不过，这种海滨别墅也意味着一种女人被排除在外的生活方式。

尽管大海还是会令人感到不安，但它同时又是一个休憩与冥思之地：西塞罗（前1世纪）和普林尼（1世纪）就退隐于海边。对于那些需要一段时间远离城市的喧嚣，远离功名利禄，或者远离过多社会活动的人士而言，海边并非一个闲散怠惰之地，而是一个适宜沉思的处所，在这里他们可以思考未来、自我准备、建构个人精神空间，以及写作。离开城市生活，大海让他们更好地理解罗马城里的各种利害关系。在海边的别墅里，在行动和默想的交叉处，没有怠惰和无聊，有的是在其中展开的精神、智力活动和思辨。公元七八世纪海滨度假胜地的开发，正是这一古罗马传统的回归：那时的人们亦步亦趋地效仿着恺撒、庞培、马克-安东尼，他们在波佐利（Pouzzoles）¹附近都拥有个人的海滨别墅。此外，他们也像西塞罗一样，在酷热的大海里洗澡——海水还是让人觉得凉快，只因阳光更毒辣。阅读的空隙，古罗马人在海里游泳或在沙滩上捡拾贝壳。海水浴成了一道精神良剂：远离城市的喧嚣之后，思维终于可以静休或深入活动了。

不过，海边并没有古罗马女性的身影。当然，在西西里岛的皮亚扎-阿尔梅里纳（Piazza-Armerina），人们可以观赏到卡萨尔古罗马别墅（la villa Casale）的马赛克壁画，也就是人们所说的"比基尼马赛克壁画"²。壁画上三名女子的衣着清晰可见：一件小短裤盖住臀部，胸部则包裹着一条胸带。她们似乎在健身，手里拿着杠铃或圆球。她们身上穿的两件式大概完全符合运动时的装束。[6]如此干净利落的衣着成为体育运动的一种标志，也是一个民族文明的符号，但它们绝对不是泳衣。古罗马时代的女性在病痛期间，譬如在生理期或出于健康卫生的考虑，可以在女性专用的公共浴场或在家里（如果她属于富裕阶层）洗浴，不过，女性这一身份还是大大限制了她们的水中体验。

服务于男性的哲学和医学

在长达几千年的历史中，女性天生的生理特征在医学人士的描述之下，成为她们低下的地位，以及对于她们的身体所产生的负面看法的依据。既然她们的问题出在生理上，那么也就难以解决。在很长的时间里，哲学著作和科学专论里的女性形象就是身体孱弱，

---

1 意大利南部城市，位于那不勒斯的东海岸。——译者注；以下若无特殊说明，均为译者注。
2 即名为《冠军的加冕》的女子运动图。

智力发育不全，总而言之，身而为女人，就是一种错误。

柏拉图（前427～前347）在他的《蒂迈欧篇》(Timée)里，对女性这一形象大做文章。作为有生理缺陷或者劣等男人的变身，女人这一上帝的造物只是为了物种的繁殖。除此以外，她对自然秩序并无作用。柏拉图的学生，亚里士多德[7]（前384～前342），他所撰写的三部生物学论著[1]在多个世纪里，尤其是在西方的医学史上，位于无可争议的作品之列；这三部作品奠定了关于女性身体的论断——一个命中注定用来接收男性精液、无活力且被动的容器。这样的论著表明，女人天生的劣势是由于胚胎发育的不完整。

至于盖伦[2]（129～201），他继续着前人发起的关于畸形的论战。男女的器官从结构上而言是一致的，不过，女人生理上热量不足，睾丸于是内化成了卵巢。因此，两性并不能相提并论。这种差异又可以从人们观察到的性情不同而得到解释。盖伦关于体液（脾性）的理论，深化了希波克拉底大约于公元前375～前350年在《女性病症》(Les maladies des femmes)中展开的研究：女性处于阴冷的一端，而男性占据了暖热的另一侧。这从医学的角度论证了前者低劣的"主要原因"。潮湿或湿润，女性的象征，引起了学者们的戒心，皆因这一生理特征和身体欲望有关，且又会导致身体和精神的萎靡不振。

女性，一方面被医学定义为弱不禁风，另一方面又被视为对文明的一种威胁，因而她们几乎没有获得与男人相同地位的可能性。亚里士多德、盖伦、希波克拉底的学说影响了法律赋予女性的地位。有关女性身体和性情的定义，某种本体劣势的基调，为法学家

---

1 即《动物志》(Histoire des animaux)、《动物史》(Génération des animaux)和《论动物部分》(Parties des animaux)。
2 全名为克劳狄乌斯·盖伦（Claudius Galenus），古罗马著名医学家和哲学家。

提供了男女不平等和日常歧视的理论依据。

法律的不平等塑造出的女性身体

性别的历史紧紧贴合着政治与法律的发展史。法律是合法性之源，因而有着巨大的社会影响力：这块庞大的基石奠定了对于女性的结构性的社会歧视。

在法律上，希腊女性低下的地位可以通过克劳德·莫塞的一句名言概括出来：女人"永远是未成年人"[8]。她们待字闺中、足不出户，生活在某个家长的监管之下，即使出嫁后也不能摆脱管束。如果一个女人是家里唯一存活下来的孩子，那么她必须嫁给父系的一个近亲。当然，她有着一个重要的作用：通过婚嫁，为城邦供应公民。在斯巴达，女人甚至一出生就拥有公民身份，她们参加操练，就像男性一样。此外，她们必须结婚、生儿育女。古希腊文明是法制与城邦国家的复杂混合体，我们难以一言以论之，不过，即便是自由民的女人也从未有投票的权利，也没有被选举权。女性生理上的"弱点"不仅构成了她们地位低下的缘由，也成了法律和社会运转的根源。

在古罗马共和国时期（前5世纪～前1世纪），女人们的处境与在古希腊时期无异，不过，到了古罗马帝国时期（前1世纪～4世纪），她们获得了相对的自主权。即使她们可以获得公民权，并能够支配自己的财富，但她们始终和自己的丈夫或父亲相关联。古罗马社会是以男性为中心的社会。在不同的情形下，女人的举止行为可能受到赞誉，也可能受到指责：对其举止的解读并非一成不变。她可以是一名圣战士，但在赢得英武气概的同时，她失去了女人味。无论如何，对于她的评价总是基于潜在的女性歧视。当时的法律渗透着女性无行为能力的论调,"女人必须被置于保护之下"故而成为古罗马律法中所有重要法典的共同点。

古罗马的女人,即便生活在深闺,也要低眉顺眼、穿戴严密。让她们在集市广场上抛头露面,或者在元老院里演讲,是难以想象的。强加在她们身上的是一种让笨拙之人避免失控的"端庄大方"。无论是医学,还是法学,都以文书的形式规定女性应该足不出户。女人的胚胎发育不健全;与男人相比,她们缺乏理性;她们的身体羸弱单薄……正是这些因素为男性优势提供了合法理由。

"促进文明"口号下的结构性女性歧视

结构性的女性歧视建立在对于女性的恐惧和蔑视之上。犹如希腊神话里的复仇女神厄里倪厄斯(Érinyes)和罗马神话里迷惑水手的海妖一样,女人险恶、不祥、歇斯底里、烦扰人心,因而她们的身影不应该出现。也正是出于对她们的防备,女人不可以在海边漫步,也不能在水泽处沐浴。此外,古希腊神话中人类的第一个女人——潘多拉,当她经不住诱惑,打开了宙斯禁止她打开的盒子之时,便把种种大灾难注入人世间。那些和去势的男儿身联系在一起的女神,譬如月亮女神赫卡忒(Hécate)等,则数不胜数。[9]在一个尚武的、充满阳刚之气的社会中,男性特征的丧失会使人产生恐慌和不安,而那些被视为统治者的强有力的女性,则成为令人惊恐的噩梦,阿玛宗人[1]便是这种情形。和古希腊的父系社会正相反,她们矫健勇猛、所向披靡、自主顽强;她们的性观念令人害怕,她们占有男人只是为了获得他们的种子以便生养后代。对于阿玛宗人而

---

1 又称为亚马逊人,古希腊神话中一个全部由女战士组成的民族。

言,唯有男性般的力量才是重要的。

　　古罗马诗人马提亚尔(Martial,40～104)在他的《语录》(*Épigrammes*)中,几乎收集了所有能扣在女人身上的缺点:酗酒贪杯、厚颜无耻、妖艳风骚、小偷小摸、弄虚作假、谎话连篇、阴险歹毒、伤风败俗、变化无常,诸如此类!无论是对于年轻女孩,还是对于已婚女人、高龄老妇,他通通不宽容。在他的讽刺诗中,对那些人老珠黄,却有着女孩般行止的女人,或者模仿男人的举止以取得男人的权利的女人,他的贬斥甚为猛烈。在他对轻佻女子的尖刻描绘中,伤风败俗和淫荡乱性则是重点:不是像加拉(Galla)一样投身青楼、淫乱放荡,就是像克洛伊(Chloé)一样豢养面首,或者像泰莱图萨(Telethusa)和莱斯比(Lesbie)一样风骚轻浮、荒淫无度……克洛伊在夫亡之后一再嫁人(总共婚嫁七次),并在他们的墓碑上刻下:"这么一再婚嫁的是我"。人老珠黄的丽姬娅(Legeia)还在刮除体毛,实属荒唐可笑。最后还有背负着口淫丑名的莱瑞斯(Lyris)。

　　总之,必须避免生而为女人,或者人老色衰。在长达多个世纪的时间里,女性歧视就犹如某种文化概念一样固定下来。当这一观念成为传统,对女性身形的品头论足便开始了。在当时的哲学、文学、政治以及专业活动或宗教意识领域,我们都可以察觉到对女性的贬抑;在司法和刑法层面,也是同样显而易见。后来,众多基督教的神父也纷纷从歧视、诋毁女性的学说中获得启发。在罗马帝国基督教化的初期,主教们诋毁女性的祷文完全不输于马提亚尔的语录。

第二章　中世纪对女性的强烈排斥

11世纪末期，法国雷恩的主教马尔博德（Marbode）在其诗作《品行不端的女人》（*De la mauvaise femme*）中继续罗列着女人的缺点，譬如花枝招展、年老色衰。虽说"女性歧视"（misogynie）这个术语在1564年才面世，但它的形式早就存在了。"misogynie"由"misein"（憎恶、蔑视）和"gynê"（女人）两个希腊词语组成，意指对于女人或女性的怀疑、鄙视，甚至憎恨。

中世纪认同的是一种承继于古代学说，对女性不甚友好的文化，当时的诗人、哲学家、伦理学家、宗教人士甚至在这一文化上走得更远。在他们的推波助澜之下，女性在日常生活中的低人一等成了根深蒂固的传统；此外，他们还以宗教和政权的形式加强这一传统。在以男性为主导，为男性利益服务的社会秩序之下——这一秩序显然被美化了——女性的身影消失了。

英国心理学家、精神分析学家约翰·卡尔·弗吕格尔（John Carl Flügel，1884～1955）1930年在《服饰心理学》（*The Psychology of Clothes*）一书中描述了一种他称之为"对男性的大排斥"的现象：18世纪晚期，男性服饰的式样不再绚丽多彩，也不再有花边和图案，这些都成为女性服饰的专有属性。而我们将之称为"大范围的女性排斥"的现象,学者们对此却漠不关心。在中世纪,一神论蓬勃发展,女性的身影在公众场合逐渐消失。当稳重和端庄成为强加在女人身上的主要美德时,上公共浴场泡澡对她们而言不再现实。在社会体系以宗教为基础的国家里,无信仰并不存在[1],神父、传教士和其他宗教人士传播着他们对经文的解读,老百姓则遵循着他们宣传的教义。相关经文的评注,可以让我们理解赋予女性身体与其胴体的权利或地位。宗教或政治势力——男性——片面传播的术语,成为压抑情感、规范性别关系并把女人贬至幕后的武器。

和政治势力紧密联系在一起的宗教机构,以一个缔造社会秩序的上帝的名义,把男人、女人,他们的日常生活、品行和羞耻心固定在某种观念之上。造物主——规定了一整套禁忌的始祖——的教义,又夸大了关于女人的原罪的神话。

被抹除的女性身体

在宗教经文里,贞洁的概念常有论及。中世纪时期,女人的身体和脸部习惯性地被罩以长袍和面纱,这揭示了时人对于身体裸露的态度。裹身的装束把女性的身体这一淫邪之物掩盖起来,甚至抹除掉。对于那些一直不断地穿透女人的服饰、肌肤和羞耻心的眼光,罩袍成了一种阻隔。用精神分析学家费提·邦斯拉玛(Fethi Benslama)的话来说,每一个男人都是"受监护的未成年人",无法约束自己的目光,有必要"加以管制"[2]。裹以长袍,罩以面纱或头巾不仅证实了女性的身体是一种禁忌,也进一步肯定了把它从男人的眼光里拔除,并以遮面罩袍封存它的必要性。把女人掩盖起来,禁止男人看到她——两个群体就这样被象征性地切割开来。

女性便这般地被掩饰、被固化、被束缚起来了。我们已经看到，通过推行罩袍的方式，父权制社会对女性身体的掠夺建立在端庄稳重和廉耻心的准则之上。15世纪中叶，皮埃尔·贝尔苏威尔（Pierre Bersuire）[1]曾解释，在提图斯·李维（Tite Live）的著作中，*modestia*（稳重）与克制同质。[3]即便在贝尔苏威尔看来，稳重不等于隐没，但是掩盖女性光彩照人的身体还是必需的，只因男人的眼光不懂得廉耻。

而在希伯来语中，廉耻心（*Tsniout*）是一个既适用于男性，也适用于女性的宗教概念。具备廉耻心能避免堕落、放荡，并保持一种谦逊、慎重的姿态。犹太教拉比德尔菲娜·霍尔维勒（Delphine Horvilleur）在其作品《夏娃的着装：女性、贞洁和犹太教》里，对"众目睽睽"之下的女性身体所意味着的危险，从极端的正统派的角度进行了详细的剖析。当一个女人出现在男人面前，如果她的穿着没有充分地遮身蔽体，那么男人就可能失控。在此种情形下，这个女人会失去她的尊严，并使她的家人蒙羞。女人的声音甚至也被视为一种裸露。发声讲话，相当于自我宽衣解带。在此类风险下，隔开两性成为必要。德尔菲娜·霍尔维勒力透纸背的分析，侧重从不同维度解读犹太教法典《塔木德》（*Talmud*）[4]中的术语。在她看来，诠释经文的人士是从他们的准则，从他们对社会秩序的设想来展开他们的解读的。把女人驱逐出公共空间，让她沉默不语，为所谓的夏娃之咎背负罪名，这不仅能限制她的行动，抹除她的身体的客观存在，埋葬她的思维，还能把她变成她的丈夫的专属财产或仆从。

---

1 法国中世纪著名作家、学者，第一位把提图斯·李维的《罗马自建城以来的历史》翻译成法语的学者。

突然消失的水

在中世纪，人们见证了女性身体的隐没，与此同时是整个社会对于水的排斥。因此，在基督教的世界里，出于自重，对于裹着衣服在水里洗浴的行为，人们会尽量避免，或者限定唯有男人能进行此类活动。

与其他许多宗教一样，基督教在描述它的宇宙秩序时，也用到水这一元素。"诸天借耶和华的话而造／万象借他口中的气而成／他聚集海水如垒／收藏深洋在仓库。"[5]在《圣经·诗篇》里，大海看起来黑暗神秘、深不可测，隐藏着令人意想不到的事物。太初，上帝应该和海里的怪物斗争过，最终宣誓了他的主权和实力："你曾用能力将海分开／你打破水里大鱼的头／你曾压碎力威亚探的头，把它给旷野的禽兽作食物。"[6]显然，大海，以及其中可怕的事物，譬如死神、海怪（Tannin）和巨兽（Léviathan）等，只不过意味着混乱、无秩序，必须制服，从而建立起一个令人满意的世界。《创世记》的故事也是以黑暗和海洋开始。[7]在上帝最终战胜了海里的怪物、可怕的巨兽之后，宇宙只有新的天和新的地：不再有"大海"。[8]被视为凶险、骚乱不安、布满了怪物的水（大海），消失了。这不仅仅是强烈的愿望，也是结束战斗的一部分。水既标志着开始，也意味着结束。只有某些流水是有益的，尤其是使亚当（人类）得以繁衍生息的地下支流。[9]

不少经文都涉及水的用途，而对这些经文进行分析，就会发现水的唯一用途就是洗礼或净礼。这一仪式很重要，见于众多民族。水，无论是洒圣水，还是沐浴净身，都被认为可以去脏除污。它洁净的功效能让人焕然一新，如同新生一般。洗礼在《旧约》里已经出现，在《新约》里同样存在。洗礼的水能奇迹般地涤除罪恶。[10]

从《创世记》到《出埃及记》，再到《利未记》，众人洗脚、洗身、洗衣物，以便保持洁净。此外，"邪恶"之手对应的是"没有清洁"的手。[11]我们还看到："求洁净的人当洗衣、剃除毛发、用水洗澡，就洁净了。"[12]因此，《圣经》是主张沐浴净身的，尤其是在给上帝献祭之前。

后来，盥洗沐浴变成以毛巾擦拭。洁净的标志是穿在外衣之下，贴身的传统内衣。与其他服饰相比，内衣的颜色更洁白，而且人们一般会拥有多件换洗的内衣。内衣是卫生学发展史上的一个篇章。在中世纪，人们不再泡在豪华浴池里打发时间。修道院没有了浴室，即便在城堡里也难觅浴缸的踪迹。少之又少的洗浴者，会穿着从腰身到下体的三角裤。基督教的清规戒律，不仅和古罗马时代浴室的奢华之风形成鲜明对比，还助长了排斥异教徒的情绪。此外，长久以来，人们相信浴场会促进可怕的传染病的传播，而传染病又周期性地肆虐欧洲大陆，这一切都阻碍了洗浴的发展。最后，个别的史料表明，尽管游泳作为一项体能运动受到重视，但是海水浴从中世纪初年就几乎销声匿迹。肉身的欢愉过于沉重。随着和水之间的某一新型关系的确立，身体也逐渐隐没。

女性排斥：一种政治武器

随着《圣经》以及神学著作里的女性形象的跌落，排斥女性成为一种趋势。女人成了物品，不可接触，不能发声，不能现身。

古罗马社会晚期的法典进一步强化了长期以来形成的女性柔弱无能的形象。查士丁尼皇帝（527～565）一上位，就下令他的法学家编订并发布罗马大法典。毫无疑问，这部法典和1420年左右的《萨利克法典》[1]、拿破仑政府1804年颁布的《民法》，都是最重要的法学成就。不过，作为基督教的狂热支持者，查士丁尼皇帝的政治深受宗教观念的影响——人世间的秩序体现的是天堂的秩序——其必然结果便是法律的基督教化：对男女二元化的重新定义。理论上，经过洗礼的女性拥有和男性同等的权利："没有男人，也没有女人，你们在耶稣-基督那里合而为一。"[13] 然而，和女人联系在一起的柔弱形象和生理缺陷，实际上总是成为她们在法律上和文化上地位低下的基本缘由。

在《狄奥多西法典》（438）里，以及后来合并到《民法大全》（*Corpus Juris civilis*，533）里的《查士丁尼法典》（*Code de Justinien*）、《学说汇纂》（*Digeste*）和《法学阶梯》（*Institutes*）里，我们都能看到关于女性无行为能力的基本术语。[14]

首先是 *Imbecillitas*。该术语表示"愚笨"，也可以形容男人如女人一般迟钝或愚蠢。法学家盖约在他编写的《法学阶梯》里提到，女人欠缺思维能力且无知。古希腊、古罗马人把女人置于"监护之下，是出于她们草率的思维方式"，盖约进一步将此发展成论据。其他强调女性愚笨的法律条文，则同样承袭了亚里士多德关于女性天生智力发育不全的观点。其次是 *infirmitas sexus*（性别弱点）。根据3世纪的帝国法学家乌尔比安（Ulpien），该术语指示的"女性弱智以及她们对罗马露天论坛内容的无知"，使她们自然成为法律上无能力的人。至于第324号法令，亦为君士坦丁改革的第一项举措，它的释义为：十八岁以上的女性可以管理个人的财产，条件是"她们端庄的品行和聪明才智"备受认可。两年后，这

---

1 这一法典成文于公元5、6世纪，其中一章规定女性不能继承家族土地，而到了14世纪时，该法典里女性没有土地继承权的规定被歪曲成女性也被排除在王位继承权之外。

条法令则强调"她们的轻浮乱性和想法的反复无常"。第三个术语，*fragilitas*（柔弱），按理说不似前两个术语一般具有强烈的贬义。由于她们的柔弱，女人需要某种保护，尤其在钱财方面。《查士丁尼法典》使用的这个术语，并无直接的女性歧视内涵：女人不稳定的地位促使国家要保护她。愚笨、弱智、柔弱，为女性定下了基调。这些特质为一种本体的低劣背书。女性作为一种低下的性别也就从法律上确立了下来。一千年后的法学家除了质疑女人的思维能力，甚至还质疑她们是否属于人类这一范畴。[15]

女性天生的低劣想必导致了她们在社会生活中的无影无形。男人们要求女人不要抛头露面，要低调，要把自己遮盖起来，他们要代替她们来管束她们无力掌控的这一身体。乍看之下，让女人足不出户的这种安排是为了保护她们的身体，然而最终的目标却是在驱逐某一性别躯体的同时，保证后代的繁衍，从而避免它扰乱社会秩序的可能性。

在法国，把女性排除在土地继承权之外的《萨利克法典》于14世纪又延伸到王位继承权上。该法律的扩展，目的在于把法兰西的让娜（Jeanne de France）和英格兰的爱德华三世（Édouard III d'Angleterre）——查理四世女性后代的推定继承人——先后排除在法国王位的继承权之外，以利于瓦卢瓦的菲利普（Philippe de Valois）继位。[16]可见，把女性排除在王位继承权之外，是避免法兰西王国受到英国觊觎的直接结果，但它的后果却是从政治上确立起了某种对于女性的合法歧视。皇室的女性成员甚至也只是一些生育的肚子而已。

女性的物化：通奸、性侵的后果

在中世纪，日常生活主要由男性和宗教机构主导。《圣经》里的情节和片段影响着人们的行为方式。《旧约》里几乎没有水与女性身体同时出现的场景，不过，还是有两个情节描述了沐浴中的女性。

两个长老撞见了正在洗澡的苏珊娜（一位巴比伦犹太富商的妻子），并试图强奸她。她奋起反抗，赶走了侵犯者，而那两人为了报复，污蔑她偷情。苏珊娜受到众人的嘲讽和侮辱，并被判了死刑。但以理（Daniel），一位有学识的、虔诚的年轻人，分别审问了两个长老，发现他们在撒谎。最后，他们被处决，苏珊娜得到了保全。故事的结局令人满意，但这个故事却把浴室描述成女人不该涉足的地方。[17]

拔示巴和大卫王的故事也是如此。故事伊始，大卫王在他的宫殿露台上漫步，瞥见了正在洗澡的已婚妇人拔示巴。两人有了性关系后，拔示巴怀了身孕。大卫王便想召回拔示巴的丈夫，让两人同床以掩盖丑闻。然而，这一计划遭到拔示巴丈夫的拒绝，大卫王于是命人害死他。拔示巴守完丧期之后，便和大卫王成婚，两个人的孩子也随后出生。此事让神感到不悦，神于是惩罚这对夫妻，他们的新生儿夭折了。[18]

苏珊娜和拔示巴的命运出现大扭转的时候，她们都在洗澡。其中的一人蒙受了强奸未遂、恶意中伤、判处死刑之辱，另一人则遭遇了丈夫和孩子的死亡……女性的身体被视为诱惑物，面临被强奸的危险，这在中世纪屡见不鲜。最终的结果便是女性的躯体被排除在公共空间之外：作为暴力的受害者，不仅要承受恶意的眼光、言语、行为，还常常被排挤到社会边缘。

此外，女人的贞操在基督教的核心要义里占据着重要地位。教会不仅谴责诱拐孀居的妇人和守贞的女孩的行为，也声讨一切绑架女性的恶行。6世纪时，劫持已婚女人者会受到教会的庄严诅咒，而诱拐年轻女孩或寡妇的则会被开除教籍。在这两种情形下，侵犯女性的凶犯都会被逐出教区。强奸并不构成一项特定的罪行，而是被视为情节加重的诱拐罪，即未经某个女子的父母首肯而把她拐走。诱拐罪和强奸罪因而密不可分。到了7世纪，随着罗马法的恢复，强奸成为一项会被处以死刑的罪行，即便一直以来它都被冠以"诱拐"罪名。然而，强奸或性侵女性在犯罪事实上却往往被视为普通的偷盗，而对于受害人身体的侵犯则类似于对某一整体（家族、夫妻、后代、亲友）的侵犯，以及对于道德秩序，或对于社会和司法有着决定性作用的基督教道德准则的破坏。受害者——无论是已婚、未婚女人，还是侍妾——遭受的影响将波及她们的余生：被性侵的年轻女子不能婚嫁，她被迫远离家人，而这又让她的身心和经济状况处于危险的境地。

受害者的亲友一知晓性侵，不无意外，马上就会展开报复，而不是理性地求助于司法或仲裁。强奸被纳入盗窃他人财物或侵犯家庭财产等罪行里，而女性的身体受到侵犯这一事实却没有被提及。此外，受害者的形貌特征几乎也不被提及——强奸无关乎身体。出现在史料里的被侵犯的、被强奸的女人往往名声败坏。独身的，孤苦无助的，甚至是通奸的或不合群的，她们被视为人尽可夫，没有体面可言。被排除在婚嫁之外的她们不属于任何人，也因而属于任何人。[19]

在述及女人保持身体贞洁的重要性时，女人的不可侵犯性往往被援引成为理由。然而，女性身体的这一"神圣性"也促成了她的"非社会化"。人们声称，让她们远离社会生活是为了保护她们。正如德尔菲娜·霍尔维勒在她的著作《夏娃的着装：女性、贞洁和犹太教》中写到的一样，女性身体的不可侵犯"总是一段逐渐把女人社会边缘化的优美前奏"。而当女人成就非凡的壮举时，她们的女性特质在人们的言论里消失了，她们也几乎变得高洁而伟岸。

滋养的水、可疑的女人

伊斯兰教的学者对于沐浴和水的态度要更温和，不过，专门的洗浴场所的持续存在还是引起了相当激烈的争论。这类争论的一个重要聚焦点就在于是否允许女性进入公共浴场。礼拜之前的净礼有大净、小净等多种方式，这一净礼的画面传播甚广，以至于其他和水相关的解读都被掩盖起来了。

《古兰经》里有纯水和脏水之分。天上的降水是天赐的，能促进植物的生长，带来食物；而被冠以文明起源之称的河流——幼发拉底河，却和充沛的、哺育粮食作物的雨水相反。因此，水是双重性。《古兰经》里提到，唯有信徒才能享用干净的清水，当不信仰伊斯兰教的人想要喝它时，它总会流走，清水对他们来说只不过是幻影或错觉。洁净之水是神圣的、高贵的元素，能够指认有罪之身。阿拉伯研究学者、历史学家弗朗索瓦·克莱蒙（François Clément）甚至把污水比喻成"下流的"[20]精液。

《古兰经》似乎没有直接述及身体的洗浴，然而，土耳其浴是伊斯兰传统的一部分。传承于古罗马浴场的土耳其浴室，尽管同样涉及身体裸露和两性隔离的问题，但大众还是很快就接纳了伊斯兰化的拜占庭浴室。穆斯林们洗浴既是出于健康的目的，也是为了乐趣。此外，伊斯兰教律建议在重大节日期间要泡澡洗身，沐浴的仪式则沿用了古罗马的习俗。

土耳其浴室总是成为论战和冲突的起因：穆斯林的富裕阶层喜欢这一欢乐的场所，欣然模仿着这一和古罗马文明相联系的文化行为；然而某些乌里玛、《古兰经》学者，却反对这些公共浴场所象征的物质生活的舒适和肤浅的身体享受，理由是它们可能会诱使不道德行为——尤其是女人的不道德行为——的发生。

已婚女人进入浴场被视为某种通奸的时刻：一些老鸨也在浴场里泡澡，她们会在女人和她们的情人之间牵线。此外，裸身行走在热气缭绕的浴室里的女人，会对矜持腼腆的女人造成不良的影响。诱惑亦即交友不慎……在古希腊–罗马神话和基督教经文里，洗浴中的女人确切说来是受到男人侵犯的受害者，然而在伊斯兰文化中，洗浴却使她们的贞洁受到质疑——尽管这超越了浴场的空间，原因是一般意义上的女性社交令人心生疑虑。穆斯林女性从未被完全禁止进入浴场，但是她们必须持有医学许可，譬如产后恢复、经期或者疾病。显然，女性的陪侍会监护在公共浴场洗澡的女人，从而保证其清白。

和"隐私部位"或贞洁相关联的性的道德——伊斯兰律法的重要组成部分——在很大程度上就以那些围绕着浴场的论述展开。浴场显然是观察忘形纵乐的极佳场所。首要的教规是某一浴场的顾客必须是"单一性别的"。女人的身体从头到脚都是禁忌，唯有她的配偶（或者主人，对于奴隶而言）才有权凝看。其次的教规则针对两性：无论男女，必须以裹腰布遮盖其私密处，而且不得瞧看他人裸露的身体，否则有伤风化。这些禁令和规矩都是伊斯兰教的律法学家编制出来的，因为《古兰经》完全没有提到土耳其浴室，而唯有相关习俗的文献有所述及。诚如伊斯兰研究学者穆罕默德–欧信·本喀拉（Mohammed-Hocine Benkeira）所指出的那样：为了决定身体和水、私生活和公共空间之间的关系，某种关于眼光的禁令出台了，遮挡的屏风也架构起来了——虽然是无形的，但厚重而坚固。[21]

某些事件为当时的伊斯兰学者提供了介入的时机。公元6世纪和7世纪，在西班牙的科尔多瓦（Cordoue），总有一些男人守在浴场附近，企图骚扰从浴室中出来的女人。在塞维利亚，城市治安条例的起草者便建议驱散浴场周边的男人，以杜绝"肉体交易"和"通奸"。举止正派、端庄大方，沐浴时使用的脱毛膏只能涂在膝盖之下，自尊自爱、自矜自持，如此这般的行为规范和道德准则，来源于管理社会风纪的检察官对于身体裸露，尤其是女人身体裸露的严格限制，而它们又为父权制的基石——对女性的极度歧视——添砖加瓦。

由男性编制出来的这些历史，只能说明适用于他们的解读标准。博览经书、博学多才的学者从不忘指出其中内容的出入。然而，与其说是阅读的语境，不如说是男人的意志，决定了女人低下的地位。禁忌、自我陶醉、权力、政治便形成了这一股强烈排斥女性的主要力量，其具体表现即为歧视女性、抹除女性、否定女性。

第三章　恐惧，评估女性身体的工具

洗澡沐浴在中世纪备受冷落之后，作为一种疗养方式，在文艺复兴时期重新受到人们的喜爱。一些例证——诚然为数不多——表明了这一活动自14世纪末期（亦即意大利文艺复兴萌芽时期）又开始激起人们的兴致，尤其是在贵族阶层。

米兰公爵的女儿，瓦伦蒂娜·维斯孔蒂（Valentina Visconti），1883年嫁给后来成为奥尔良公爵的查理六世之弟。每当她往返于法国各个私人府邸和城堡时，她总是随身携带着一座从一大块坎多利亚大理石中凿出来的浴缸。这一"玫瑰红的大理石船形物"随附有"一件可以视为浴袍的别有腰带的贴身长裙"。[1] 从此，泡浴成了一个特殊的时刻：富裕阶层娱乐消遣的欢愉时刻。泡澡时使用一条在河水里清洗过的白色内衣，以抵御跳蚤、虱子、臭虫，这便把该活动归入到奢侈享受的行列。时人首先要对付的是寄生在身体上的虫子。文明的进程，尽管曲折而缓慢，但依然能从这一和感官联系在一起的身体行为中解读出来。白色的内衣给人以干净的印象。从此以后，它成为一种生活习惯。裹身的衣服不仅能描画出身体的线条，也能阻断疾病。慢慢地，洗浴悄然演变为贵族的一种娱乐文化。

然而，即便对于贵族阶层而言，泡浴在文艺复兴时期依然罕见。时人对于这一活动的认识受到了持续了数千年的恐惧的影响，心理困扰依然存在：首先，是对于水的畏惧；其次，显然是对于他者的不安；最后，则是女性造成的恐惧。女性所遭受的边缘化和种种禁令就建立在由她而引起的焦虑之上。最令人不安的是她们的身体也许会受到玷污。浴疗照例需要宽衣解带，而这会带来很大的问题。在15、16世纪，世界末日的想法同样助长了人们对于女人的恐慌情绪。对一个更美好的世界、末日后的世界的期待，萦绕在时人的心头。

洗浴的双重心理

文艺复兴时期的欧洲人，处在宗教分化、国际冲突、内战以及瘟疫横行的复杂背景之下[2]，他们试图把基督教的文化观念和对古代文化的重新探索调和在一起。因此，有关水、身体裸露或女人的言论都带有时代的冲突。文艺复兴时期，摇摆于席卷西方世界的末世论带来的恐惧、人文主义的发展、古希腊罗马文明启发之下的黄金时代的梦想之间，当时的人们所感受到的，一方面是从健康、社交和宗教角度而言的水的弊害，另一方面是洗澡泡浴的乐趣和益处。泡浴的等级之分已初现端倪，尽管专用的服饰标准还没出现。

危险的水：真实的，还是想象的？

文艺复兴时期，世人的视线里并没有海岸。对于当时的科学家而言，水依然是个谜。如果你不了解地球上的水是如何流动的，那又如何对它怀有信心呢？虽然如此，人们对于水既排斥，又迷恋。

长久以来，海水不仅表明了它的危险性，而且一直都是不可征服的。不过，16世纪接续着上一个世纪业已开始的海洋发现和航海探险，远方诱惑着人们。在宗教的符号体系里，大海被视为咆哮的、翻腾的炼狱。它是魔鬼，是阴险狡诈的女人，故而葡萄牙或西班牙的水手们将圣物投入浪涛之中以求辟邪。[3]一种文明，如果技术手段不足以抵挡某一险恶的自然力量的屡次进犯，就会发展出极度的恐惧。伊拉斯谟就曾写道："该有多疯狂才能信任大海！"[4]随着海浪而来的是诺曼底人、撒克逊人的入侵以及柏柏尔人的突袭。而当大海风平浪静时，帆船便又无法航行，水手们只能在茫茫大海上死去。文艺复兴时期的科技进步被应用于造船与航海，但同时它们又增加了海上航行的周期以及随之而来的危险。定量配给、变质的水、败血病……远航船舰上的发病率和死亡率居高不下。文艺复兴时期的西欧人在狂风大浪中感受到的是宇宙初始般的混乱。大海，被描述成撒旦和邪恶势力的领域，是恶魔们推崇的栖所。海水传递的是灾难的形象。而在汪洋大海引起的恐惧之外，还有一种对于水引起的疾病传播的恐慌。

传染病造成了欧洲人口大量死亡，它的反复出现进一步加深了人们对于水的疑虑。1347年至1352年，黑死病不仅造成2500万人死亡，夺走了欧洲30%至50%的人口，还深刻地影响了后来几代人的思维方式。直到16世纪早期，黑死病几乎年年都在西欧反复出现。对于疾病的恐慌使民众远离水源，因为传播疾病的跳蚤尤其喜欢潮湿的环境。水于是变得可疑，浴室或浴场也因而成了要铲除的传染处所之一。

流行病是对世人的惩罚——聚焦于这一观点的教会，在瘟疫中嗅到的是末世的前奏。检疫、隔离、封城、宵禁、军队部署……城市停摆、冷冷清清、静默无声，商业活动也停止了。[5]人们把原因归结于星象、空气污染和他们还知之尚少的水。一些族群同样被认为对这些灾难负有罪责。在16世纪泛滥的神学论战和肆虐的宗教战争之下，对宗教罪人的追杀层出迭见。教会的分裂，罗马教廷内部异端和教派的迅猛扩大，路德教派和卡尔文教派的出现，再洗礼教派的起义，都让时人觉得恍如末世降临之前的时刻。罗马指责异端，而新教运动则抨击"大淫妇"、罗马天主教。[6]在末世论的喧嚣中，人们和水保持距离，不仅由于它让人想起大洪水的传说，还因为它被视为上帝创世中的一种永久的威胁——显然是创世未完成的符号。洪水来袭，上帝惩罚世人的手段，这一想法一直纠缠着文艺复兴时期的学者和文人。可怕的梦魇最终也影响了人们对于水的兴致，进而影响了人们对于浴室的看法。

洗浴场所在中世纪时期几乎荡然无存。1292年，巴黎只有26间浴室或浴场。其中的一些，是遗留在某些府邸里的私人浴室；但由于沐浴泡澡都是悄悄进行，故而被斥为掩人耳目的偷情，这又让浴室成为声名狼藉之所。不过，当时仍然保留着一些专门用于疗愈的浴室，唯有病痛治疗之需才能进入。与此同时，洗浴场所也遗留有卖淫活动，它们成了容纳妓女的隔离地或流放地。有关浴场里吵嚷喧哗、卖淫，甚至下毒的传言有增无减，人们对于这一场所的看法也因而改变。种种可能的藏污纳垢——病人、妓女、劣迹斑斑的危险人物，使得保持社交距离以及划分适合男女洗浴的区域势在必行。法国的第戎、迪涅[1]、鲁昂等城市故而推出了一些污名化浴场的新条例。

同样，教会对于社交准则和市政规范的强化也促使人们远离浴场：经营浴场是一项卑贱的职业，而泡澡这一活动则名声不佳。然而，即便大部分的西方民众纷纷远离浴场，贵族或富裕阶层还是

---

1 即迪涅莱班（Digne-les-Bains），法国南部城市，上普罗旺斯阿尔卑斯省省会。

以常常光顾此地为荣,理由是洗浴意味着富足与闲散,毕竟不是所有人都能有大把的悠闲时光耗在水里。

泡浴和游泳:贵族阶层的娱乐与技能

在16世纪的欧洲,人们的社会地位并非依据财富来划分。那是一个由教士、贵族和第三等级组成的三级制度的社会;出身就决定了身份的高贵与否。男性贵族的首要角色是为上帝而战和保家卫国。当然,在和平时期或者避开前线的时候,他们避开教会的规定,享受各种娱乐活动。

依照美国经济学家、社会学家托斯丹·范伯伦(Thorstein Veblen,1857～1929)的观点,服饰和时尚不仅可以让同一阶层的成员一决高下,也能最大化地提升人们的社会声望和地位。不过,在19世纪,范伯伦称之为"有闲阶层"的富裕阶层或贵族并不仅仅满足于装束之讲究。他们的目标和野心受到消费动机的推动,而这一消费动机本身又受到致力于维持或赢得某种"名望"的生活方式的驱动。有闲阶层大肆挥霍,炫富晒财,尽管他们都不参与"低贱而卑微"的活动——与职业或者"工业进程"相关的活动——但依然有能力消费。

正如19世纪的有闲阶层的消费活动一样,浴室里的娱乐时光在16世纪同样显示出贵族的消费能力。这一时期的泡浴,伴随着人们对于身体护理的兴致的回归,当然这只与贵族阶层有关。女性贵族若要沐浴泡澡,那必须在遮人眼目的私人府邸里,不能去公共浴场。此外,16世纪的贵族也只是洗浴净身与保养身体,还不存在练习游泳。1531年,托马斯·埃利奥特爵士(Sir Thomas Elyot)在他献给英王亨利八世的一本书里写道:"有一项操练,在战争的极端险情下十分有用,不过……贵族男子并不练习这一技能。"[7] 这一训练不外乎泅水游泳。埃利奥特并没有给出一些指导原则，但他强调了这一技能在战争期间的意义，以及对于兵士在身体保养方面的良好效果。这位文艺复兴时期的人文学者因而阐明了沐浴泡澡和泅水游泳的不同（两者的目的各异）。尽管游泳这一活动在中世纪几乎不存在，但作为一项技能在文艺复兴时期还是受到赏识。有关游泳的书册，1528年在巴伐利亚就已经出现，而在英国要等到1587年才开始出版。在这些早期的图书里，这一运动的优点就已被清晰地述及：为了避免在船只遇险时溺水而亡、逃脱抓捕和袭击驻扎在对岸的敌军，有必要学会泅水。[8] 游泳技能对作战能力的提升被放在了首位。战争是男性的活动，所以这一时期并不存在女性游泳的场合。

我们还注意到，在16世纪，出于它的疗效，水的利用逐渐增多。为了治疗英国女王伊丽莎白一世（1533～1603）严重的风湿病痛，御医们开出了在英国泡温泉的处方。意大利历史学家卡比·本蒂维尼亚（Cappi Bentivegna）就曾记述过女王泡浴的一个片段：

> 女王在有神奇疗效的水边停下脚步……戴着手套的双手搭在两个结实强壮的护卫的肩上，高高在上、庄严高贵的她，瞬间便滑入浴池中，除了头上不戴皇冠，她的脖子上戴着领饰，身上穿着裙撑（farthingale）[9] 和笔挺的刺绣衬裙……[10]

有位名叫洛卡特利（Locatelli）的法国人则讲述道：17世纪初期，"身穿白色、黑色或彩色塔夫绸服饰的女人坐在都灵朵拉河岸公园水里的长凳上，身体的头部以下都浸没在水中；泡在水里时，身上的衣物能抵御水的弊害"。

此外，也存在一些关于传统的大众戏水的文字记录，这类活动的目的纯属娱乐。万曼（Winmann）便描述过16世纪早期慕尼黑的男男女女如何围在圣尼古拉的雕像周围戏水玩乐。女人们下身穿着据说是"泳裤"的长衬裤。这样的时刻大概和婚礼的庆祝活动有关，是游戏和娱乐的环节。譬如，某位男士如果不能爬到水面的石块上，那么就罚他穿上女士泳服。不过，这种大众娱乐只是一种地方性现象，在16世纪后期便销声匿迹了。

尽管水在人们眼中弊害多多，但我们还是可以看到水在这一时期变得平易近人——虽说我们上述提及的事例实属特殊，这主要是因为当时大多数的民众不识水性，并不游泳。

"阴险的女人、肮脏的女人、可恶的女人"

人类和水的双重关系反映了男人对于女人的态度，即摇摆于兴趣和憎恶之间。与男人对于女人的迷恋相对应的是女人引起的恐惧。这种心理早早地就被基督教据为己用，它就像稻草人一样被用来威慑人们，如此一直持续到19世纪末期。诋毁女人由来已久，但中世纪末期到文艺复兴萌芽阶段，女性歧视尤为严重。13世纪克吕尼修道院修士贝尔纳·德·莫拉（Bernard de Morlas）谱写的一首韵文诗，最能表现这种心理：

> 恶毒的女子，不是人，是背叛自我的野兽
> 她谋杀孩子，尤其是她自己的孩子
> 比蝰蛇还要残忍，比疯子还要疯狂……
> 阴险的女人、肮脏的女人、可恶的女人
> 她是撒旦的宝座，廉耻是她的义务
> 读者啊，躲开她[11]

女人的妖魔化在当时司空见惯。她们有着女巫的特点：嫉妒、复仇心以及混乱的情感随时会爆发。在过分渲染的气氛下，女人是撒旦之子的永恒论调以各种形式表现出来，当时飞速发展的印刷业也推波助澜，大肆散布对于女人的诋毁。宗教大法官、布道者、宗教学者等对女性的压制，既属于性压抑的范畴，又是当时内外交困的教会强硬推行的严格日常的回归。受挫的性欲变成了寻衅挑事。宗教大法官米歇尔·么诺（Michel Menot）曾如此表述："女人身上的美引起了许许多多的罪恶。"[12]

首先，教士们炮制出一套反对女性的宗教学说。耶稣会和多明我会培植出他们研究魔鬼学[1]的神学家，从而向信徒们传播女人的主要邪恶行径。天国的祸根，复仇的悍妇……可谓言之凿凿。教会污名化女性的学说不仅推陈出新，而且横踞于其辖区内，从而极大地影响了人们的思想。

同一时期的人文学者在一些学术圈里也对该论题展开了激烈的探讨，譬如以安德烈·蒂拉戈（André Tiraqueau）为首的法学圈子——这一圈子额外地接纳了兼具修道士和医师身份的拉伯雷。蒂拉戈的一部著作标志着"关于女人的论战"的开端。作家在书里自问：女人是否为具有思考能力的行为人？答案：不是。此外，他还说道：女人智力和心灵的先天不足与缺陷应该促使立法者减轻她们违法行为的刑罚。[13]至于拉伯雷，如果说他承认女性的优点，那么他依然认为她们无论如何必须牢牢受到丈夫的管束，皆因唯有后者才能阻止她们犯错。[14]甚至是她们先天的生理不足——女人是"有生理缺陷或者劣等男人的变身"，也为某一强加在女性身上的家

---

1 即恶魔学：神学的一个分支，对魔鬼、恶魔、恶灵以及与之相对应的信仰进行系统的研究的学说。

长式统治或保护惯例提供了法律上的依据。

亚里士多德和盖伦关于女性身心先天不足的理论，极大地影响了文艺复兴时期的医学家。女人本体上的身心不健全已经是成文定论，不会再引起争论。不过她们还存在着其他缺陷。在当时的某些学者看来，相较于男人的肉身，女人的肉身是一团散乱的、软绵绵的糨糊。她们的特殊性在于生殖器官和孕育生命的子宫。不过，这一器官定期出血，则又进一步证明了女性的缺陷。这一问题隶属于女人躯体内、大脑内的生理机能障碍，她们因而备受昏厥、身体不适和病痛等困扰。

最后，法学家们为了重申女人结构性的绝对劣势，同样以亚里士多德、普林尼和昆体良（Quintilien）的理论为基础——男人处于干热的一端，女人处于湿冷的一端。古希腊、古罗马人认为热是理性之源，而冷则是非理性之源。这一不同也见于通称为"情绪理论"的体液病理学说中。男人体内极其丰富的热量证明了他的优势和生育力。相应地，女性的缺陷"天生"就很多。

研究魔鬼学的神学家让·博丹（Jean Bodin，1530～1596）断定女人有七宗罪：盲从、猎奇、多愁善感、恶毒、记仇、软弱、饶舌。在奥维德的《爱的艺术》里，这些邪恶的行为已见端倪。1580年，博丹又著书历数女人的罪过。不同于蒂拉戈，他不认为存在可减轻处罚的情形。不久之后，德国的文史学家瓦伦斯·阿希达流斯（Valens Acidalius）在1595年加入了关于女人的论战，他断言她们不属于人类，理由是她们没有灵魂。[15]这一理论丰富了之后一直持续到19世纪的论辩。然而，阿希达流斯的本意是就反三位一体论，亦即就否认耶稣基督的神性的观点，撰写一篇讽刺诗作。他力图通过援引女人的人性，指出反三位一体派在论证上的缺陷：否认耶稣基督是神明就犹如否认女人的人性一样荒谬。他的话被当真了……因此，从某种意义上说，女人没有灵魂之说的出现纯属意外。实际上，这一误会是因为大众误解了阿希达流斯使用的术语"人属"（*Homo*）。该词既表示人类，也表示人类中的雄性。到17、18世纪，这一缩写词的意思被改变了，专指的是人类。然而，在焦虑不安的气氛下，讽刺戏谑没能被理解，有关女人没有灵魂的学说被广泛传播。

在数千年的历史长河里，有关女人身心不健全的理论一直在悄悄地、诡诈地重复着。卜卦、巫术，黑魔法和白魔法，护身符和三足器，构成了集体信仰的一部分。人们随随便便就能控诉一位接生婆、一位老妪、一位俏丽的女孩是魔鬼的信徒。这一股妖魔化女性的势头波及整个欧洲社会，天主教国家和新教国家都包括在内。在此背景下，一切引导人们相信女性阴险恶毒的手段都是正确的，尤其是在炮制一种新的美学，或重新打造一副新的躯体、一种新的女性特征的时候。

打造全新的夏娃

衣着服饰的历史为观察风尚和习俗提供了一个极佳的视角。身上的服装、片寸的肌肤、四季的饰物，都决定着人们的言行举止。16世纪，女人们的装束还没有受到工业细则的支配。男人们根据时代的传统习俗和各种观念，根据他们关于女性特有气质的想法以及他们赋予身体的地位，炮制出遮掩身体的穿戴。女人邪恶、危险，有必要重新校验她们的服饰，重新配置她们的身体结构；简而言之，有必要打造出理想的女性。这一对女性身体的塑造，呼应了自15世纪初便波及整个西欧社会的科学化发展趋势。在有关身体习俗的社会发展史、人体形态学、工艺技术，以及美学认识论的交叉影响之下，服饰界人士，譬如裁缝，在长达多个世纪的时间里，把身体比例确定为身体道德、身体健康和身体美的参考要素。[16]在重新分配女性躯体比例的过程中，文艺复兴时期的人们一直执着于一个全新的想法。大量黄金的获得，工程技术活动的飞速发展，工艺设备的进步，圆规和角尺的改进，对称、平行和垂直等概念的发展，对于完美和理想的追求——大环境已经准备就绪，是时候重新审视身体，重新制定它的比例，即在掩饰身体的真实状态、模糊对它的解读的同时对它进行改造。

女性纯粹生理特征的美学范畴

与某一宗教或哲学的准则相吻合的世界秩序，引导着时人对于身体各个部位的塑造。女性孕育生命的下半身，在由木条和金属线圈构成的裙撑的作用下，变得越来越大。身体的架构成了一种真正的建筑上的布局，犹如一座由底座、梁柱、挑檐组成的西班牙祭坛。在繁复厚重的面料堆砌而成的华丽长裙下，女人的下半身深藏不显，这一方面使它变得更神圣，另一方面又能让上半身——胸部、脖子和脸——吸引目光。

对于体型，人们若说它"构造极美"，那是说"一切都各归其位"。当时对人体构造的研究，譬如安德烈·维萨里（André Vésale）的学说，强调的是匀称、线条、并列，而忽略力量和动态。[17]骨架自带风采。女性的美不仅明确地分为三六九等，而且必须与善——可以从脸部表情和眼神里感知——相协调一致。下半身，魅惑诱人，必须隐藏起来，不致招惹男人的目光。对于女人孕育生命的身体部位，男人们揣测的是情爱和诱惑。

"娇美"，尽管自有天真纯洁，却依然危险；它不仅是邪恶的密谋，也会冒犯上帝。唯有虔诚的、谦恭的、端庄的或贞洁的美，才能博得16世纪时人的好感。[18]冷漠的脸和身子、细薄、紧闭的嘴，藏在织物之下的下半身，都是为了掩饰生理的不道德。这样的美毫不含糊：人们清楚地知道每一个姿态都受到审视，每迈出一步都被细究。

不过，在裙撑的提升下，臀部的圆大丰满有着双重含义。上半身的下端，危险而充满色欲，不可向迩，但时人却又特别指出子宫意味着分娩的能力。可以看到，一方面身体的某些部位被边缘化了，被掩藏在裙裾之下；另一方面，女人下半身的丰满因其生育能力而受到赏识。女性身体的下部，没有下肢，也没有性器官，失去了一部分女性特征，但她的生育力得以保存。而人们对于女性品德的评价，考量的正是她隐藏下半身的方式。

肤色：道德尺寸的统一

虽说唯有自然美可以成为美德和品行的标志，文艺复兴时期依然存在一些修正瑕疵，进而呈现美感的化妆技巧。脸，人体这一整体中最突出的部位，它的美至关重要，排在双手和上半身的前面。

不过，人为过度地使用一些窍门，譬如类似于妓女们"把脸和胸涂白"[19]的做法，在当时还是受到谴责的。原因是，如果脸需要某种人为手段的介入，也不应该过于夸张。一切都是分寸的问题。对于化妆品的使用，学者们并无异议，他们谴责的是浓妆艳抹。在当时，光洁白皙的脸庞和"保养的肤色"备受推崇，尤其是在农学家奥利维·德·塞尔斯（Olivier de Serres，1539～1619）的研究著作中。为了美白，时人不乏想象力：油膏，或者小麦、蛋清、米粉，都可能是配方的一部分。16世纪的欧洲，有关美颜的文章比比皆是。女人们纷纷涂抹白铅粉、砷、硝酸、氯酸等一类能够提升肤色却有损肌肤的产品。人们早已知道这类产品危害极大，它们会造成牙齿脱落、"口气恶臭"。外科医生皮埃尔·弗朗科（Pierre Franco，约1500～1578）也早早就描述了一些名妓的容颜：脂粉和其他化妆品造成了"脸庞的损毁和牙齿的腐烂"。然而，白铅粉，以铅为基本成分合成的粉料，一直存在于化妆品的配方里，尤其是在白铅粉广泛流传的威尼斯。

在《爱的艺术》一书中，奥维德提及拥有黝黑肤色的可能性，而这只适用于水手或在战神广场上操练的男性，只因他们无法避免暴晒。直到19世纪，白净一直都是人们对于身体孜孜不倦的追求之一，也是社会标准的反映。"bronzage"一词的定义依然是埃米勒·利特雷（Émile Littré，1801～1881）在他所编纂的《法语辞典》（Dictionnaire de la langue française）中告诉我们的："给某一物体镀上一层类似于青铜表面的色彩。"细究起来，往肌肤上敷白粉或抹胭脂和遮掩的行为属于同一范畴。用福柯[1]的话来说，自16世纪以来，世人一直都目睹着对于身体的囚禁或束缚。这一趋势，尽管之前早就为人所知，但从那以后更加快了步伐。男人因参加经济、政治活动的需要，会处在日晒之下，而女人则相反。人们对于肤色深浅的态度，尽管随着所研究的地区和社会阶层而有所不同，但当时西方世界的主流是对浅淡肤色的推崇，并不主张人们把脸晒黑。与此同时，脸色的惨白也是女人病态的一种表现，紧身胸衣使她们呼吸困难；这一病态的气色既是身体虚弱的标志，也成为男人眼里的一种审美优势。基督徒对浅淡肤色的偏好比古代希腊、罗马人尤甚。整个中世纪的文学实际上将白皙的肤色视为某种纯真或纯洁的符号，与之相对立的则是地狱、罪孽、黑暗。

---

1 即法国当代哲学家、思想家米歇尔·福柯。

16世纪开始的全球化殖民活动和贸易进程的影响也至关重要。肤色必须能使人有别于他者——撒拉逊人[1]、美洲印第安人或者黑人。这一趋势不仅成为文明进程的一部分,还强化了身体的标准。[20]随着新古典主义和浪漫主义的潮流从古希腊、古罗马文化中汲取灵感,白净肤色的统治地位在19世纪达到顶峰。不过,女性的身体不能处于日晒之下,从而不能裸露身体的时代却是在16世纪。那是白雪公主开始主宰审美的初期,她的周身大概裹满了白铅粉。

身体的数学化演变

16世纪之后,量身裁衣的裁缝们开始采用工程师的辞令。他们给予自身职业的优越感——相对于手艺人而言——反映出了某种关于大众服饰消费、视觉科学和美观准则的全新概念。"黄金比例"作为人身尺寸的参考指标,无可争议地确立了起来,并逐渐把不匀称或不规则的人体"抹除"掉。1490年左右,达·芬奇受到罗马工程学家维特鲁威(Vitruve)的启发,尤其是受到他的《建筑十书》(*De architectura*)第三册的启发,把黄金比例用于人体的尺寸之上。"人处于世界的中心",特别是位于比例的中心。他的身体轮廓图被嵌在圆形和正方形等文艺复兴时期被视为完美的几何图形中加以分析。达·芬奇把古罗马人关于人体的观念表述为:"大自然如此分配人体的比例:四个肘长等于两倍脚长,二十倍掌长等于一个人的身高;他(维特鲁威)把这些比例用于他的工程建筑之上。"身躯的各个肢体互相呼应,并构成某一完美的形态。

为了确定身体比例的中间值,从而减少服饰从业人员的工作

---

1 中世纪欧洲对阿拉伯人和西班牙等地的穆斯林的称呼。

量,以及统一版型,裁缝们不仅使用大量的科学数据,还不断加大其剪裁工具的复杂性。量身裁衣的本领于是成了工匠们符合科学规律的技艺。测量与校准决定了目标身型。

当时有些裁缝也自称为数学家,他们通过对工具、器械和资料的运用,追求操作的规范化。他们的目标在于缩减劳作,譬如简化量身、裁剪和修改等工作。操作上的巨大进步体现在上半身的服饰日益笔挺和臻于完美。直接为客户量身裁衣的工作方式转变为对于数字的运用。留存在服装上的填充物结构和痕迹揭示了工序;关于工序,重点则在于知晓其中直观的部分或深思熟虑的部分。[21]"量身""剪裁""校准""缝合上装""漂白",这些工序必然引起许多旨在提高效率的数学运算。拥有纤瘦的身材,那时已经成为威尼斯和那不勒斯的女人们明确的心愿之一。很多以核桃、鹧鸪或阉鸡、大米、芝麻、蚕豆等为基本食材的食谱想必能够重塑上身。事实是,为了和宇宙法则相呼应,轻盈的上身必不可少。当时的女装的上身部分同样有助于瘦身。量身裁衣的工匠们校准体形。20世纪之前,女性的身材更圆润,但不肥胖,也不粗壮。不过,苗条身材的出现,要远远早于服装的产业化发展和泳装的出现。

从裁缝们的知识体系中,即从他们的数学计算到复杂的工艺体系中,我们可以觉察到剪裁和缝纫等操作的标准化,这一标准化带来的结果便是身材规格的统一化。为了穷尽某一天然状态表面的不规则——不是太胖就是太瘦的身体——裁衣工匠们量身绘图,把种种身材简化到米制计量单位出现之前的度量系统里。此外,在量取布料的长度和宽度时,他们的数学演算一以贯之地按照分数的形式进行。最后,他们的计算以某一基本的长度单位为基础,比方说法国的古尺、卡斯蒂利亚王国的巴拉(la barra)、佛罗伦萨的臂长(la braccia)。不同地区、城市的长度单位都不尽相同,裁缝们使用的计量单位故而有二进制、三进制、四进制、六进制、八进制，甚至是更大的进制。18世纪，在没有统一的度量单位的情况下，经济的全球化，服饰业的飞速发展，财富的流通，都迫使人们掌握度量换算表。

文艺复兴时期人们的着装见证了某一更合理、更精密的全新的科学性的兴起。文献史料从未把这归功于服饰商或裁缝，但对有关工艺著作加以研究就可以看到，他们具有一定程度的抽象思维、技术纯熟的实验能力、系统且有规律的评析和文字记录，以及对于数学和统计知识的运用能力。乔治·康吉莱姆（Georges Canguilhem）1952年在其作品《认识生命》（*La connaissance de la vie*）中对社会的科学化解释道："解构、简化、注释、区分、计量、方程式表述，这一过程也许对智力有益，但对肉身却是一种快乐的流失。"统一的操作显示出的是对于人体结构的简化处理。

这一时期的人们把身体，尤其是女人的身体变成了数字。女性身体的标准化，对于她的身体结构的改造，包括下半身的抹除以及上半身的凸显，都旨在遏制品行的败坏。女性的美德从而体现在这一被男性重新打造的躯体之上，体现在它的生硬之上，以及对它的数学演算、调整和排序之上。男性的抱负则在于管束女人的缺点和毛病，以避免她们扰乱社会政治秩序。女性的卑微，有法律的明文规定，有宗教学者的引经据典，并且有目共睹；她们的地位便是这般确立、决定下来并受到管控。

理想国：巴登浴场

文艺复兴时期本身的社会面貌，尤其是女人和男人之间规范化的等级关系，并非人人都满意。有些人对于社会关系、对于身体的裸露和娱乐消遣有着不同的见解。

曾担任过教廷文书的佛罗伦萨人波焦·布拉乔利尼（Poggio Bracciolini，1380～1459），罕见地留下了一篇关于公共浴场的记述。1416年，他写信给他的朋友尼科罗·尼科利（Niccolò Niccoli），讲述他某次搜寻古籍的旅途中在巴登（Baden，今瑞士阿尔高）暂住时的见闻。这位人文学家的书信[22]成了一份有关享乐主义和精神快乐的特殊见证。人们从中可以看到一个理想的世界，也许是黄金时代的一种写照。

> 他们的脑海里只有一个想法：逃避忧伤，寻找快乐。除了快乐的生活和享受，在这儿，重要的不是均分共同的财富，而是共同享有不同的事物。

布拉乔利尼把他在巴登浴场的体验与波佐利（Pouzzoles）的罗马公共浴场进行了一番比较，特别指出"巴登人的快乐和巴登当地的习俗"。他描绘了一处美妙的景致：绵延的群山，注入莱茵河的大小河流环绕着富饶的山谷。自然在那里唤起的是享乐的风尚。他对于当地浴场设施的描述十分惊人，让人想起当今的海滨浴场。

> （在巴登的中心地段）是一大片的居民区，周围则是一些可以接待众多宾客的富丽堂皇的酒店。个别的酒店配有私营的浴室，唯有下榻于其中的人士才能在那里洗浴泡澡。巴登城里共有三十处公共浴场和私营浴室。除此之外，便是广场两边供平民百姓享用的两处露天公共浴场，男女老少，亦即一般意义上的老百姓，都上那儿冲洗沐浴。那儿合宜地竖起了一道低矮的栅栏，把男女隔开。

尽管在平民百姓和上层阶级之间，确确实实存在着有形的分界线，然而布拉乔利尼"赞赏这些人的纯朴，他们并不在意传统风尚，而且对此类事情既不会感到困惑，也不会嘲弄"。至于隔开两性的分隔物，则似乎并不严密……

在酒店私营的浴室里，实际上是男女共浴的。"虽说有一道隔板把女士隔开，但隔板上有着许许多多低矮的窗口，这些人可以一起啜饮、交谈、见面和握手。"浴室的上方围有栅栏，男士们往往倚在上面，一边观看，一边闲谈。"每个人都可以去到他人的浴池并待在其中，和他们打招呼、交谈、玩乐，与此同时还可以看到几乎是全裸的女人们出浴或入浴。"那儿没有门，无人盯守，也没有恶意的揣测。此外，男女共用浴室的同一入口，"因此经常会出现男人撞见半裸的女人，或者女人撞见全裸的男人。人们在其中也可以付费享用流动餐车上的食物和饮品，他们坐在水里、交谈、啜饮，或者听音乐"。浴室里还有一些口译员，这说明其中的常客来自世界各地。巴登私营浴室里的不拘礼节、轻松愉快，以及人人毫无恶意的言谈——"风尚极其自由，生活惬意舒适，大家都入乡随俗"——对于布拉乔利尼这位佛罗伦萨人来说显然颇具诱惑力。没有任何事物会来破坏这一群体成员之间宁静的时光。"看到他们怡然自得地来到这儿，令人惊叹。"晚餐前，所有人都聚在"一大片掩映在葱茏的树林中的草地上"，嬉乐玩耍。此外，布拉乔利尼还明确指出，有些人士会编造出某些疾病，以便能前往某些享有声名的浴池，譬如能促进女性怀孕的温泉浴池。为了能从日常生活及其禁忌中抽身而出，一切托词都是合理的。

巴登城里有着"成千上万"生活习俗各异的人，但他们之间从来不会起纷争。布拉乔利尼对此赞赏有加。与此同时，教士们也享受着这类集体休闲的时刻。在巴登的浴室或浴场，喧闹或吵嚷没有一席之地。目睹妻子被别人献殷勤的丈夫"不会觉得受到冒犯"，"他们不惊讶，他们觉得发生的这一切都是一种纯洁的友谊"。布拉乔利尼说，"嫉妒"一词在这个地方并不存在。他公开指责"流言蜚语"和"捕风捉影"，认为出入浴室并没有什么不好。另外，这位作家还"常常羡慕这种精神的宁静"，并且"讨厌我们内心的邪恶"——也许那是"金钱的诱惑"，或者颠覆"天空、大地和海洋从而聚敛财富"的"欲望"造成的。对于那些"从不呵护身体和灵魂"，一心只渴望财富的人，他还花了整整一页的篇幅来描述，并认为每个人都应当根据自己的财力，把每一天都作为"喜庆的时日"，无须担忧未来。对于这位佛罗伦萨人而言，财富的意义便是：保持快乐和享受力所能及的事物。

所以，正是在泡浴时，在男人、女人都只穿着一沾水便变得透亮的紧身裤和亚麻短衫时，快乐不请自来。文艺复兴时期，宗教信仰所摧毁的休闲娱乐重又风靡一时。通过布拉乔利尼的书信，我们可以非常清楚地看到他所受到的影响：15、16世纪的浴中美人在很大程度上归因于古典裸体画的复兴；同一时期的艺术家画笔下的维纳斯、狄安娜，以及山林水泽仙女的胴体形象至善至美。波提切利的维纳斯站在她的贝壳里，除了那又长又浓密的耀眼秀发之外，身上毫无遮挡。委罗内塞和丁托列托分别创作的《苏珊娜和长老》(*Suzanne et les vieillards*)中的苏珊娜，身上甚至毫无饰物。从丢勒（1471～1528）到米开朗基罗（1475～1564），无论是画家笔下的胴体，还是雕塑家手下的裸体都受到古希腊、古罗马艺术的影响。这一潮流的回归令人不安，有时还会引起轩然大波。研习人体解剖的艺术家们对于裸体的赞美和颂扬激起了神学人士的戒心。教会不得不对难以把控的社会的世俗化予以反击。这些问题并不涉及大部分的民众，但在富裕阶层，把人们引向戏水泡浴的身体解放已见端倪。

不过，布拉乔利尼还有更深刻的见解。这些泡澡的游客"大概可以在柏拉图的理想国里自由自在地生活；他们即便对柏拉图的学说一无所知，但在把一切都归于普遍之后，他们也会马上就接受这一学派的基本理论"。柏拉图在他的《对话录》里，把苏格拉底作为发言人，阐述了理想城邦的基本要素，其中以某种典型的集体生活为主。此外，他批判一个国家里会出现的问题，譬如民众必须承受的专制暴政、蛊惑性宣传以及威权等。他力图阐明他所主张的国家构成对于一个城邦而言诚然是最完美的。最糟糕的将是城邦分崩离析。他推崇为集体效力的快乐，而不是分化社会的个人欲望。文艺复兴时期，意大利北部地区，即佛罗伦萨和罗马周边的蓬勃发展，促成了柏拉图理想国理念的真正回归。如此一来，对于布拉乔利尼而言，集体大众，无论男女老少，应该共患难，同欢乐。在时人的思考中，我们可以察觉到对于和睦相处和共同利益的表述。这正是巴登浴场里的现实：没有纷争，也没有猜忌和巧取豪夺的世界的缩影。正如《理想国》里所阐述的一般，布拉乔利尼的最高理念是从适当妥帖意义而言的心满意足，而非道德意义上的善。

布拉乔利尼批判总是寻求积累更多财富的富裕阶层。炫耀、占有、嫉妒会渐渐腐蚀风尚习俗、日常生活以及社会关系。他的观点和同一时期兴起的资本主义相吻合，虽说在当时宗教纷争催生出末世论的恐惧心理的背景下，专制政体奠定了它的统治地位。封建王侯，这一贵族阶层对纵横疆场不再感兴趣，转而由他人代替出兵征战，他们的影响力便从新的层面展现出来。他们令人目眩的财富、豪门贵宅，以及铺张挥霍，通常而言成了他们表明自身至高无上地位的方式。血统的纯正和古老，是他们存继的重要因素，因此备受呵护。女性被禁闭在唯有男性才能参与的游戏的规则里。布拉乔利尼由此发现了一个利己主义的社会里的众多问题，这样的社会不仅把国民划分为三六九等，还以法律的形式确立种种不平等的关系。

  罗马法的创立及其在中世纪的复苏，专制制度以及以男性为中心的君主政体的上升，宗教、科学、法学的论说，这一切在长达多个世纪的时间里，创立了女人地位卑微的神话。男人，不满足于他们在社会中高高在上的领主的地位，还要成为女性的主人。

  政治和宗教势力深陷于末日即将到来的防备状态，故而高估或夸大了内部敌对者的数量。在这种紧张的局势中，首当其冲被防备的便是女人。

第二部

从实用到享乐

第四章　海水浴的出现

17、18世纪的社会风貌，一面是影响着日常生活的道德伦理，一面是洗刷身体罪名的种种努力。这两方面看起来互相对立，却共同发挥着作用。礼仪习俗强化下的行为机制，尽管普及的是道德准则，但最终还是促成了身体的解放。正是在这一背景下，受到西塞罗理论启发的社交准则焕然一新，海水浴也得以形成和发展。

海水浴，最初由医生们倡导，它的出现很快就催生出一种特殊的服饰。从某种意义上说，正是医学促进了沿海地带的发展，包括在海边开展的活动和游泳运动的发展。与此同时，随着欧洲大航海时代的远航与探险，人们对海水的危险性有了正确的认识。当时的西方热望着征服整个世界，那就必然要涉水搏浪，游水的技能愈发显得重要。这一时期关于游泳的出版物，虽说尚未给出一些新颖的教学法，但还是揭示了人们对于这一运动的兴趣。

作为一项全新的活动，游泳必然产生其自身的规则，而泳衣则是其中的一个环节。17世纪时，人们已经开始使用亚麻布的浴衣：男士身穿长裤和长及膝盖的背心，女士则身穿长袖罩衫或紧身长内衣。这些衣物，时人可以购买，也可以租用，并且符合端庄稳重的标准。身体要如何展示才能避免引发众怒？又该以何种方式抑制欲望?道德风尚虽然能管束游水者的肢体动作,却不能遏制海水带来的快乐。

呼之欲出的游泳运动

16世纪末期,除了极少的个例,游泳无论是在私人领域,还是在公共领域都不存在。千百年来的信仰、教条、学说等等在人们的思维里依然根深蒂固。然而,到了17、18世纪,科学与医学研究的推进,包括化学的蓬勃发展,逐渐改变了人们对于世界的认知。在经历了几个阶段的发展之后,游泳这一运动也最终被接受。

与大海和解

18世纪以前,大海被认为是一道屏障或防御工事、一处食物的来源地、一片战场或死亡之地。人类惧怕它,但又不断地探索它的天然资源。不过,到了启蒙运动时代的早期,某一全新的自然观——更接近古希腊、古罗马的认识论——面世了。

对于大自然的力量和美,人们的情感不再只是排斥。自然风光所带来的愉悦和热情备受文人骚客的礼赞。他们尤其喜欢描述流动的水波、咆哮的浪涛,以及引起沉思和激发想象力的波光粼粼的水面。诗人马克-安托万·吉拉德·德·圣-阿芒(Marc-Antoine Girard de Saint-Amant,1594~1661)便是这般解释他对海滩的爱恋的:"海边的时刻,是沉思,是神秘,是遐想,是诱惑。"正如英格兰人一样,圣-阿芒是乡村运动的爱好者,喜欢在岸边垂钓。通常而言,文人学者和艺术家喜欢在海边沉思默想。面朝斑斓多姿的大海而凝神内省的时刻,也是一种和大海对话的时刻。在文人的想象中,尸身遍地的海岸逐渐消失,取而代之的是波光闪动、欢欣明悦。与此同时，人们也逐渐意识到旅行的意趣，他们沉浸在壮观的景致中，感受着大自然带来的愉悦。整个欧洲都受到了这一情感的影响。宗教学者更是发展出自然神论，他们强调自然景致是上帝的造物之一。

长期以来，人们相信波涛之下总是掩藏着令人畏惧的怪兽和幽暗的洞穴，但自从有了航海家和探险家的航海日志，海底世界就不再那么恐怖了。海里的奇珍异宝甚至成了"人间天堂里动人心弦的圣物"[1]。学术界在慢慢背离宗教神学归纳出的知识体系的同时，建立起它自身的研究模式和理论模式。15世纪以后，收录"世间一切珍品"的珍奇屋（cabinets de curiosités）成为构筑知识的大厦，馆藏有海贝、螃蟹、鳄鱼、鸟类、昆虫，甚至植物的标本等。[2] 在那不勒斯格拉维纳（Gravina）的奥尔西尼宫（Palazzo Orsini）里，那不勒斯博物学家和药学家费朗特·因佩拉托（Ferrante Imperato）的珍奇屋就展出了具有自然历史意义的标本藏品，它们显示了人们对于海洋奇珍的痴迷。这一珍奇屋在费朗特·因佩拉托有生之年就已声名远播，它的馆藏从1599年起开始发布在一份汇编里。[3] 前身为书房（studiolo）的珍奇屋被视为自然历史博物馆的雏形。为了认识并接近大自然，尤其是海洋世界，搜集、研究并珍藏自然界里的各种物件就成了必然之事。被潮水冲刷到岸边的奇物异品故而不再神秘可怕。

受益于启蒙时代的人文精神，私人收藏家致力于整理归类藏品的珍奇屋在18世纪蔚然成风。[4] 沙龙里关于大千世界、自然之美与力的讨论激昂热烈。这类讨论唯有科学家的参与，才能变得明晰、有理有据。

到了18世纪的下半叶，随着城市日益扩大且脏乱，工业化社会迅速萌芽，沿海地区开始兴起一股抵制文明带来的危害的热潮，其中既有个人的，也有集体的行为。人类对于海洋的观念在长达上千年的时间里曾经一成不变，而在这一时期却出现了转变。

疗养身体

17、18世纪，疗养的学说重新回归。譬如，海边漫步能疗愈抑郁消沉、沉疴旧疾或者新近的焦虑。富裕阶层偏爱前往海滨度假，一些疗养机构也开业迎客。这便是温泉疗养者蜂拥到海边的初期。

17世纪，英国的医生认为淡水浴有益于身心健康，主张病人采纳这一疗法。因此，在海水浴疗迅速发展的同时，一些提供"疗养"服务的机构也在地下温泉水源的周边兴建起来。显然，这些机构的兴起发展离不开医生的医嘱或药方。喜欢温泉水疗的人群也随之壮大。

起初，法国的贵族和英国的绅士阶层前往海滨寻求更好的生活环境。空气质量对于舒适的生活必不可少。当海水浴疗养者站在海岬上时，展现在他眼前的是天水相连的辽阔景致，这被认为是疗愈忧郁心灵的一种方法。由于游览观光在这一时期备受医生们的推荐——正如旅行或在乡下暂住一样，人们参考古人的做法，向沿海地带寻找治疗忧郁的方法。罗伯特·伯顿（Robert Burton）在1621年出版的《忧郁的解剖》一书中阐述了运动对于人体的重要性。对于想恢复活力和欢快心情的人士，作者极力推荐他们进行消遣娱乐的运动，譬如打保龄球、骑马和钓鱼等。此外，受到古代泡浴习俗的启发，他也支持时兴的浴疗。[5]

焦虑的心理也会激发出对于海滩的热情。17世纪中叶，直接威胁到英国贵族的政治局势，便是这般促使他们不断延长在海边或在乡下暂住的时间，更何况自从13世纪以来，伦敦城恶臭不堪，城里人口的增长也让富裕阶层心生恐惧。在海边的阶段性暂居对那些患有"眩晕"和"歇斯底里"症状的女士也有助益。后来，法国人继英国人之后，也向大海靠拢，不过他们更为谨慎——诺曼底的海滩在常年不断的战争之下变得不宜前往。欧洲精疲力竭的上层人士发展出了神经性疾病：一套导致忧郁、精神萎靡的矫饰的语言和长吁短叹。治疗手法最终转向了浴疗这一惯例。咸鲜的海水显然对男女老少皆有益处。

包括呼吸海边的新鲜空气和早上在海里泡冷水浴在内的医学治疗方案，启发了当时深受欢迎的温泉疗养胜地。从那以后，它们的配套服务不仅有必要的医疗措施，还有可以调节水温的浴池。于是，适当地放松身体有了可能性，具有提振精神、令人焕发活力功效的海水就这样广受推荐和青睐。身体孱弱的孩子、疑是不孕不育的女人、初潮的少女，都受益于增强活力、疗护身体和调节身心的海水。正如我们所认识的海岸，"干净整洁"，拥有"洁白的沙滩"、悬崖峭壁和沙丘的滨海疗养胜地诞生了。[6]

无论如何，是启蒙时代的执业医师的药方，尤其是收入狄德罗和达朗贝尔主编的《百科全书》里的医嘱，最终让富裕阶层相信海水有益于健康。水能收紧或扩张皮肤纤维，对皮肤组织产生力学的作用，还能调整体液，调节血液循环。不过，身体健康和卫生还包括身体深处的清洁；在这一点上，启蒙运动时代的学者将古人的观念发扬光大，古代的医学概念也从而深入人心。旧时学名为clystère的灌肠（lavement），即把清水或者添加了其他洗剂的清水注入肛门或私处，便成了近代欧洲处方里的灵丹妙法。

虽说水受到了人们的重视，但当时的社会观念依然不认为沐浴泡澡或者游泳有益于身心，或者愉悦身心。文献史料也没有关于这两项活动的记载。至于阳光，它唯有清洁空气的作用：人们总是躲避它的光线。著名的浴疗胜地也强调它们阴凉宜人。不过，海岸却变得引人入胜了。19世纪初期，经过治理后的英国新布莱顿海滨度假地，尤其见证了这一变化：新的规划理念是房屋将面朝美丽、干净的大海。

医生们总在努力消除男男女女的病痛。人的体质是可以改善的，科学技术的发展有助于体质的提升。时人对于自然和环境的思考，正如对于人的体质的思考一样，和当时的科学发展、社会发展密不可分。

征服自然

从罗马到巴黎，广场和花园在新兴的专业种植人士的打理下，越发优美迷人。水，在当时费用高昂，那是家里拥有喷泉和人工水瀑的人士的专享资源。从水池、喷泉、花园水系景观中，人们可以感受到工艺的舞动。挖凿池塘和安装管道，必然影响到城市的整体规划。时人于是努力了解和掌握地质知识，以便更好地布局和整治。在当时重大的市政工程的促进之下，不仅相关的科学工艺发展迅速，有关干净、舒适和身体卫生的观念也焕然一新。自然环境和人类的身体越发紧密地联系在一起。

18世纪下半叶，人们对于身体卫生的认知发生了变化。在经历了浓妆厚粉的时代之后，人们回归自然和洁净，并展现出一种全新的活力和生命力，完全不同于此前贵族的疏懒怠惰。脸上堆满厚重妆粉而失去自然生趣的上层人士，开始努力去除化妆品对面部的损害。为了凸显自然美，避免看上去慵懒无力，人们开始摒弃浓妆而推崇淡抹。这种对过多身体粉饰的批判，强调了这一时代对于一种天然去雕饰的身体卫生和健康的兴趣。与此同时，水成为一种抵御身体萎靡不振的媒介，而身体也即将从束缚它的桎梏中解放出来。

以新兴的卫生健康之名，美的概念得到了重新定义。人们身上的装束也变得更协调。关于把身体从勒紧它的衣物中释放出来的观念，亦即将身体从人们已不再相信的陈词滥调的枷锁中解放出来的观念，无可争议地确立下来。医生们公开谴责束缚身体的装束，旧时束腰裹胸的紧身胸衣首先受到责难。除了人体解剖学的层面之外，这种谴责也在美学的层面展开。在18世纪下半叶，女性礼服、整体装扮在英式浪漫的影响下变得轻盈飘逸。这一时代推崇的是可以行动，并能掌握自身活动的身体，它更自由，更灵活。女性的下身装束除去了裙撑，轻快的步伐因而几乎不再是问题。这一全新定义的优美体形和真正的身体轮廓仍未一致，但已是一种进步。对于个人整体更为全面的认知，也得益于这一时代室内镜的普及。人们可以从头到脚地打量自己。尽管镜子价格高昂，但私人府邸里依然饰满了高大的镜子。不过，女性唯一的使命却进一步强化，并迫使她的身体讲述它孕育生命的能力，以及它的母性。旧式的伦理道德如此顽固，一如既往地维护着男权的合理性。

　　在更"自然的"体形下，新的问题出现了：身材会发生变化，尤其是随着年龄的增长。这也便是抵制身材逐渐老化臃肿的努力的开端。这一努力如今仍在继续，尤其是以美容外科的方式进行。必须保持紧致的身材。问题的关键在于提升或者保持身体的形态美，从而使之充满生命力，因为人们正是从这一勃勃生机中感受到健康和美。而水在其中自有其作用：早晨用水洗脸，能活跃肌肤组织，从而有助于"润滑"肌肤；另一方面，泡浴再次成为时尚。卫生学重新发掘了水的用途，而这又涵盖了一整套的身体美容护理。1761年，普瓦特万温泉馆（les Bains de Poitevin）在塞纳河畔开业，里面设有"天然或人工的矿泉浴，犹如医生们开出的疗法"。

　　天然的身材并不因此就受到人们全身心的接纳：它的"缺陷"

充分说明了它的功能不全。既然束腰裹胸的紧身褡备受谴责，提升形体的其他方案也就出现了。针对耸肩驼背，木工们推出了矮扶手的座椅。至于斜肩，则需交叉腿部从而平衡身体的重量。关于身体结构的老一套方式，亦即束紧腰腹和盘裹胸部等，也就此得到了调整。

作为自我管理体系的一部分，对身材的管理，从此以后将在体内展开。饮食和消化也就成为人们特别关注的对象。减肥节食并不是启蒙运动时代的创举，古代学者早已知晓进食和体重之间的关联。节制饮食在各朝各代都有提及。瘦肉、柠檬汁和醋有消食通便的作用，诸如此类延续了几百年的传统食谱，也并非20世纪的新创。在中世纪，粗茶淡饭是一种美德，肥胖被视为贪吃和懒惰的表现。此外，法国国王菲利普一世（1052～1108）大概是由于不能接受贝尔塔皇后（la reine Berthe）"出奇的肥胖"，而于1092年休弃了她。在中世纪的骑士文学里，双手能合围起来的纤细腰肢深受赞赏。到了18世纪，饮食上的忌口不断增多，但果蔬和禽肉在晚餐中受到追捧。为了解释身材的圆润丰满，人们往往引述19世纪表现体态丰满的女人的画作。无论是马奈的《娜娜》、齐耶尔夫人的丈夫创作的《爱德华·齐耶尔夫人的画像》，还是德加的《烫衣妇》，画家们都保留了写实的身体。他们不断地挖掘丰腴饱满的身体这一绘画主题，对这一持续了多个世纪的主题，他们很可能深感兴趣。譬如鲁本斯，在他的画笔之下，女人往往浑圆丰满，他本人却寡食少吃，滴酒不沾。那一时期，关于形体的标准并非以肥硕为美，然而艺术家们却把这一形体作为研究的对象。至于20世纪的画家，他们把女性美丽的身体轮廓组合在一起，从而凸显女性的气质特征，或者表达某种琐碎的细节。

无论是对于男性，还是对于女性，步行、骑马、游泳，以及后来的体操，都有助于实现强身健体的目标，即美的新标准。节食，以及各种严格的身材管理和奇异的饮食法也成为必然。同样，在海里游泳对于男人而言，亦是保持身材这一需求[7]的方式之一。

身体活动的重大进展

启蒙时代，人们征服了海水，海水的益处也在社会中广为传播。然而，无论是地方主管机构的科学家，还是浴场的游客，都认为必须明确海水的使用范畴。个人的享受不能扰乱公众的利益。17、18世纪时，人们对于男、女身体的看法依然存在着很大的差异。女性在海滩或者温泉浴场展露身体，总是会引起公愤。除非是在医生的建议之下，否则洗海水浴这一行为对于女性而言依然是一种禁忌：人们往往把洗海水浴的女人视为荡妇或娼妓。这种男性意志主导下的影射一如既往。有些人甚至在拍打身体的波浪中，看到某种和水的交欢。[8]行为的不检点就在于此，隐藏在无意识和性压抑的不满足里，因此必须限定身体在水中的活动。

机械化的海水浴和人

1750年，英国医生帕特里克·鲁塞尔（Patrick Russel）发表了一篇关于海水疗效的论文，他在文中援引了法国著名博物学家乔治-路易·布封（Georges-Louis Buffon）的观点。贵族阶层的人士相信布封的论说，纷纷前往诺曼底的海滩或者南部的蔚蓝海岸。这也正是海水浴疗养地遍地都是"浴车"的原因。在这些装有轮子的小车厢里，洗海水浴的游客脱去出门的装束，换上一套浴服。在一匹马的拉动下，挂车把洗浴者一路带到海里，从车内走下水里的台阶通常挂有挡帘，这一切都能确保洗浴者在入水前不被别人看到。

在女士视野之外的男士，一般全身裸露或者只穿一条吊带裤。女士们则穿一件由一块粗厚的布料裁成的宽松浴衣，以免布料紧贴身体。有的时候，为了避免布料飘起来，人们还会在浴衣的下摆别上铅锤。浴服在当时的唯一目标是避免洗浴者着凉，同时又保证她们不过于裸露，从而符合体面、端庄的社会准则。[9]在优化的礼节之下，海滩上那些时人眼里愈发不可靠的身体得到了管束。

18世纪是一个信仰科学和技术的时代。三百年来，西方社会先后目睹了炼金工坊、自然科学学院和科学实验室的发展。发明家们不乏奇思妙想。人们知道，在紧身褡和衬裙的围裹下，女人们的行动是何等的刻板、呆滞。（服饰簇拥之下的身体，不会为人所见。）18世纪下半叶，海水浴的好处也因此似乎从疗愈悄悄滑向休闲娱乐。海水慢慢成了人们享受舒适和消遣时光的组成部分。于是，当务之急是找到接待和保护海水浴游客的方法。1794年，有位姓贝雷的先生宣称，他计划在长滩（美国纽约州）的海水浴疗养地配备"淋浴仓和多种娱乐设施"[10]。几年之后，马萨诸塞州纳罕特半岛的某位旅馆业主，考虑到他的客人在洗海水浴时的舒适度，筹划"建造了一个人们可以在大海里泡浴的特殊装置"[11]。这一新型的泡澡装备，类似某种搁置在海里的木制大泳池，似乎在沿海地区大获成功。诸如此类的发明专利，有些甚至十分怪诞，在19世纪初期大量涌现。

海水浴的场合一经划定，上层人士们便可尽情享受这一项全新的活动，尤其是游泳，因为这不仅能让人们保持身体健康，还能避免当时十分常见的溺水惨剧。

1785年，巴泰勒米·杜尔甘（Barthélemy Turquin）在巴黎的都尔奈勒桥（Pont de la Tournelle）旁边开办了一所游泳学校。在他看来，该项运动令人兴奋，并能加快体液循环。狄德罗主编的百科全书同样传播了这一似乎人人皆认可的理论。人们开始明确划分泡浴和游泳。游泳所涉及的重复有力的动作、对抗水的阻力以及身体的本能反应能使人保持灵活，并能激活肌肉；简而言之，三者的协调有益于健康。杜尔甘的游泳馆深受欢迎。他推出了两种年费套餐：第一年的年费为96里弗尔；第二年的包年续费为48里弗尔。当时一个工人的日薪介于18至29苏（1里弗尔等于20苏），可见工人阶层是不可能享受上述游泳套餐的。因此，平民百姓并非游泳馆的客户群体。在那里，人们擦肩而过的是类似奥尔良公爵家的富家子弟。频繁出入游泳馆，成为上层社会身份的一种标志。后来，杜尔甘在奥赛码头又开了第二家浮船坞式的游泳馆，里面还设有餐厅和休息室。他的成功经历揭示了人们思维和心态的转变。

身体在活动的过程中渐渐获得了自由。相应地，18世纪关于身体美的标准也出现了变化。体形的美，圆润、纤细、娇弱，甚至性感，都让步于喜好之心。启蒙时代的人们意识到美的相对性，甚至主观性。18世纪以后，在自然科学和自然主义的发展之下，人们的观念从早先宗教色彩浓厚的认知转向了早期的人体形态学理论。而随着社会发展的科学化，美的体验开始分门别类。身体作为一个整体也就出现了：一个不再把身体的各部分——下半身、胸部、脸——割裂开来的整体。统一的身体成为一个呼应某种活动的整体。启蒙时代的人们尚未造出"形体学"一词，但他们已经有所意识。[12] 灵敏的身体活动保持了下来，游泳促成了人们关于运动健身的崭新观念。

18世纪，水的重要性逐渐凸显，人们的生活习惯和设施于是出现相应的变化。从诸如公寓住宅的私人领域，到海边浴场的公共空间，日常环境也在发生着肉眼可见的、真真切切的改变。

从浴缸到浴疗馆

法国建筑学家和理论学家雅克-弗朗索瓦·布隆代尔（Jacques-François Blondel，1705～1774）在他的《法国建筑》(*Architecture française*)一书里，记录了巴黎的七十三座私人府邸，其中只有五座在1750年时拥有专门用于盥洗泡浴的浴室，而造价相对低廉的浴盆则更为多见。1751年，被视为家具之一的浴缸，不仅被收录在《百科全书》的词条里，而且有了清晰明确的解说。这一物品在当时似乎已经相当标准化了：一般为铜制或木制品，长四尺半，宽两尺半，高二十六法寸。早先的浴盆或浴缸是圆形的，这一形状则是我们如今所熟悉的浴缸的前身。当时，仆役们通常是先在厨房里烧热水，然后把烧好的热水注满浴缸。

在18世纪的时候，浴缸这样的家庭设施一般是贵族人士的专享。不过，盥洗在这一时期也深受普通民众的喜欢，尤其是使用灌肠球进行的私密处冲洗。在当时，随着工业化进程的推进，农村人口开始大批外流，城市很快承载不下这些涌入的新来人口。有关黑死病的记忆依然深刻，时人总是小心提防着疾病。膨胀的人口、工厂烟囱排放的浓烟、恶臭的垃圾、生活的贫困，都促使人们努力改善生活环境和空气质量。这一时期的医生们故而调整了他们关于沙滩的见解，并划分出沙滩的等级，以帮助病人消除失望、沮丧的情绪。疾病频发的沙滩，譬如意大利疟疾高发地的海滩就不受推荐，皆因它们会致人死命——更不用说那里恶劣的条件也会让漫步于其中的人士感到难受。而英国和法国，这两个国家尤其注意到许多地区卫生状况恶劣，于是借助于化学的飞速发展，努力行动起来。化学技术的突飞猛进带来的是卫生条件的日益改善。

人们的注意力越来越多地集中在空气的清新洁净和气味的标准之上。18世纪80年代的科学家们认为下水道、墓地、污水池会滋生有毒气体或恶臭的瘴气，前者导致窒息，后者则会造成疾病的传染。1799年，皮埃尔·贝尔托隆·德·圣-拉扎尔神父（Pierre Bertholon de Saint-Lazare，1741～1800），蒙彼利埃自然科学皇家协会会员，记载了在贝济埃（Béziers）发生的一起事故："1779年7月13日，在这座城市收容病患的济贫院里，一名园丁因气体中毒而死亡，第二天早上，一位做杂役的修女也由于这一起因的致命影响而陷入窒息状态。她得到了及时的救治，才得以起死回生。"[13] 有污浊死水的地方，应当消毒清理，否则周遭环境会恶臭不堪。启蒙时代末期，在舆论的影响之下，卫生成为一个流行的观念和主题。[14]

在水疗场馆的建造过程中，同样出现了有关卫生的问题。海水浴疗养地的发展必须经过深思熟虑。在波罗的海和拉芒什海峡沿岸，以及北美，很快便建造起一批环境优美的水疗中心。

在英国的斯卡伯勒（Scarborough），地方长官理查德·狄金森（Richard Dickinson，1669～1739）成为在滨海地带组织节庆活动的名家能手。他比其他人更早地领悟到，医生们开出的浴疗处方不仅可以给滨海城市带来活力，而且能使人们趋之若鹜。[15] 早上的浴疗时间很短，剩余的时间因而可以花在城里常见的休闲娱乐之上。最终，市政当局决定"照料"病人和他们的家人。牌局、文学沙龙、徒步、骑马漫游和图书馆借书会等活动纷纷举办。餐厅除了售卖矿泉水，也准备了美食欢宴。事实上，"游客"们并没有在沙滩上流连多时，倒是花很多时间享受着城市生活带给他们的欢乐。

在挂船或"浴车"的掩护下，人们无须暴露在他人的目光之下便可下水，顾忌、踌躇的心理被渐渐抚平，甚至是当时的头面人物也有了信心：1789年，英王乔治三世在布莱顿（Brighton）便是这般第一次步入"浴车"，然后入水享受海水浴。皇室对海水浴的首肯，反响十分大。两年之后，乔治三世的儿子，早已到访过布兰顿海水浴疗养地的威尔士亲王，命人在当地建造了他的第一座行宫，一座面朝大海的府邸。

在大西洋的另一端，17世纪把精力倾注于开垦美洲的英国殖民者，对于游泳健身这一活动并不热衷。确切而言，游泳是士兵和水手的专项活动。此外，当时的清教徒的宗教信仰和社交准则十分严格，休闲娱乐的时间也不存在。在美洲严酷的环境之下，游泳和海水浴的快乐并不符合殖民者或垦荒者的实用准则，他们首先考虑的是建造通商和运输的基础设施。因此，当时在欧洲富裕阶层中与日俱增的海水浴人群，在新世界并没有出现。唯有等到18世纪下半叶，浴疗在新世界才开始飞速发展。

正如美国第一任总统在他的日记中指出的那样，温泉水边的小型浴疗馆逐渐变成了人们交际的场所。[16]1748年，乔治·华盛顿第一次提及位于一片茂林里的温泉，以及深受人们喜爱的温泉浴。后来，他在1769年又讲述过他和妻子玛莎（Martha），以及后者头婚生的女儿帕西（Patsy）在西弗吉尼亚的温泉胜地的假期。他们在那里小住了一个月。当地的温泉——如今以伯克莱温泉（Berkeley Springs）而闻名——据说对他们患有癫痫的小女儿有不错的疗效。18世纪末期，每年都有大量的游客涌入该地区。赌博和跑马等娱乐活动也兴盛起来，可见在这些疗养娱乐之地，发展起来的是一整套的社交生活，尽管人们总是声称为疗养而来。不论昼夜，疗养地都十分热闹：人们的日常由吃、喝、泡温泉、闲逛游荡、参加舞会和其他享乐活动组成。温泉疗养地飞速发展的前几十年，基础的起居设施还相当简朴。原木的木屋，帆布和木头搭建而成的帐篷，便是人们留宿的客房。客人们都是自带食物，比如谷物食品、五花肉等肉类食品。伯克莱温泉唯一的浴疗馆也只是在沙地上凿出来的一个大池子，四周是一片松木林。男女轮浴的时间由一个锡制长号角的号声宣布：号声响起，异性必须离开浴池，退到指定的距离之外。

规定的或管控的温泉浴时间，引导着人们的身影。身体的活动，它的展露以及它入水的时间便是这般确定了下来，犹如五线谱纸一般。

有关身体入浴的规定

德国社会学家诺贝特·埃利亚斯（Nobert Elias）对西欧中世纪到18世纪的文明进程做了考察，对于这一进程的不同发展阶段，他着重指出习俗惯例从宫廷向整个社会的延伸。社会的安定，尤其是中央集权国家和领土长久的稳定，使得强化对社会的统治有了可能。[17]武力集中在手的国家，整顿公众生活，创立逐渐普及的礼仪和道德准则。在身体入浴方面，这便是有目共睹的。沐浴泡澡的生活方式进入贵族社会，毕竟只是在启蒙运动时代，亦即诺贝特·埃利亚斯所描述的文明进程结束时才见端倪。这也意味着这一活动更应该被视为"另一个文明进程"的开端，而从18世纪延续到21世纪的新阶段，将进一步证实国家对于身体遮掩或展示的管束——19世纪的工业家曾夺得这一控制权。

18世纪时，人们认为有必要规范入浴的行为，以免伤风败俗。行为不端的事例并不少见。而这也正是供职于威尼斯宗教法庭的某个密探在1762年8月30日所告发的：他是丽多岛（Lido）上举办的海水浴活动的见证人。"那些洗海水浴的高雅人士"都是男性，至于在场的女性，则属于助长了流言蜚语的荡妇娼妓之流。密探的描述如下："两位看起来受人尊敬""名声良好"的男士，陪在他们身边的是一位"装束极其随便的漂亮女孩"。在沙滩上，他们身着

"白色的短裤",那位姑娘则穿着"某种垂到地面的服饰"。[18]一下到水里,他们便开始各种嬉笑打闹。这样的场面正是良家妇女必须躲避的。1780年左右的英国多佛尔(Douvres),则是整个城市群情激愤。托马斯·庚斯博罗(Thomas Gainsborough,1727~1788)在海滩上为著名喜剧演员萨拉·西登斯(Sarah Siddons)画肖像画。女演员本人身着奇装异服:犹如殖民地黑白混血儿,上身穿一件宽大的粗条纹棉质短袖衫,头戴一块蓝色的方巾,下身则穿着一条粗厚布料的长裤,裤子直挺,且脚踝处由一条宽大的饰带扎紧。这是一起彻头彻尾的丑闻:如此着装不仅有失体面,而且表明画家笔下的模特儿还下海嬉水。萨拉·西登斯这位演员从巴黎回来后,养成了在多佛尔这个滨海小城下海玩水的习惯。不过,她不仅仅是洗海水浴,据说她还是个游泳能手。她的行为举止不符合当时的公序良俗……

法国国王路易十六的妻子玛丽·安托瓦内特(Marie Antoinette,1755~1793),她本人就蒙受了这一扣在泡浴的女人头上的坏名声。据王后的第一贴身宫女康庞夫人(Madame Campan)所述,两位侍浴的女仆为王后准备她的"简浴"(bain de modestie)——这一名字来源于为洗澡水添香的香料包。一条有着刺绣花边的亚麻浴巾能使她的肌肤免于触碰到浴缸上的金属。浴缸里装满热水,底部则放有由王后的手套商和香水大师让-路易·法尔容(Jean-Louis Fargeon)调配的香料包。当她身穿一件纽扣扣至脖子的长袍时,玛丽·安托瓦内特还可以在浴缸里吃早餐,这让人想起巴登浴室里的流动餐车。安托瓦内特王后这一例常的享受几乎天天上演,为诽谤她的人提供了谈资,后者在其中看到的是关于她轻佻肤浅的补充说明。杜伊勒里宫里的流言蜚语开始散播皇后的新乐趣,即在花园的湖里组织群体泡浴——她纵情欢乐、堕落腐化的生活方式之一;

久已备受诋毁的沐浴泡澡，变成了玛丽·安托瓦内特的敌人的政治武器。

社会规范、伦理道德都不允许女性的身体亲近水。这一身体，尽管一直以来并非一丝不挂，但有关淫荡、慵懒和轻浮的猜疑却对它纠缠不放。不过，海水浴这一娱乐活动在海滩上还是越来越常见，尤其是在新开发的海滩上，这些海滩努力为游客提供符合他们日常生活水准的、舒适的配套设施。启蒙运动时代，关于安逸、舒适和情感联系的探讨，推动了海边休闲度假这一生活方式的发展。尽管发展缓慢，但洗海水浴毋庸置疑已成为一种风尚。不过此时它还不是一项全民活动，虽说爱好者不断增加。最后，既然女性们有了医生开出的浴疗处方，那么着装就必须符合通用的品行规范。端庄得体的服饰这一问题也正是在这个时候出现的。

从遮掩到裸露？

如何遮蔽身体？从头到脚都穿戴起来也许是一种解决方法，然而这和日常实际、文化现实并不相符。虽说作为个体的身体的一部分应当好好地遮盖起来，但不能把身体排除在公共空间之外。问题的关键在于，一种为大众所接受的全新的"身体"成为必然，而且，这一身体依场合着装——在一些专门为某一前所未有的活动开辟的特殊场地的着装——也成为必然。让水里的个体遮身蔽体还不够，必须让所有的海水浴者和游客都穿戴起来。这也就是为什么礼法超越了单纯的服饰问题。

公序良俗的守护

在18世纪，人们把海滩视为世俗压力的"法外之地"，甚至是堕落之地。在英国的布莱顿，18世纪的后几十年间，地方当局就注意到一些偷窥事件：由于当时的浴车尚未装备挡帘，一些年轻人便用望远镜偷窥女人。浴车，海水浴的第一件"外套"，最终还是变成了私密生活的一道屏风——至少对于上层人士而言。这一"保护贞洁"的媒介物，使名媛贵妇们远离粗俗下流，远离到处窥看的猥亵的目光（而非猥亵的身体）。

至于公共浴场，它们早已宣告了男女共处或混浴。对于在海水里或温泉水中舒展开来的身体，以及嬉闹欢乐的心情，礼仪几无约束之力。因而，借助于一件浴服，礼法的标准大概能更好地界定或统一。

由于当时的浴服主要是为了实用而非美观，未能吸引学者们的注意力，因此我们如今缺少相关的描述文献。不过，随着温泉浴和海水浴这一活动的普及，一套比较舒适的浴服成为不可或缺的装束。女性的浴服由一件长衬衣和一条布料粗厚的长裤组成，类似水手服。一些腼腆的女人还会再套上一条宽大的彩裙，这件短裙在水里会像气球一样鼓起来。

不过，有一件奇特的浴袍还是流传到了今天。它是美国第一任总统华盛顿家族的私人藏品之一，上面随附有伊丽莎白·帕克·卡斯蒂斯（Eliza Parke Custis, 1776～1831）的一份标注。伊丽莎白指出，她的奶奶玛莎·华盛顿陪女儿帕西在伯克莱温泉进行浴疗时，就身穿这一浴服。它由一块蓝白格子的亚麻布缝制而成，非常像当时的女性穿的长睡裙。浴裙的长袖在及肩处蓬起，呈泡泡状；裙摆宽大，以一种常见的方式裁剪而成：把四个长三角布块分别加在裙摆的两侧、前侧和后侧。不过，相较于那一时期的长睡衣的袖子，浴袍的泡泡袖并非那么宽大，稍微低开的领口则由于前身的开衩而变得宽大，尽管开衩由两条亚麻细绳收紧。它在裁剪上节约了几米尺的布料，这并非出于便利或美观的目的，而是因为布料很珍贵。如果我们仔细查看，就可以看到为了让浴裙显得宽松而使用的三角截面织物，是由不同的布片组成的——在18世纪，衬里的剩料往往被合理利用。这样的裁剪证明了那是一件纯粹实用性的服装。不过，和长睡衣或睡裙相比，它已经足够奇特，可以被视为一件专门用于泡浴的服装。其他重要的部件还有：裙摆的贴边里缝有一些裹以亚麻布的铅锤。毫无疑问，铅锤的用途是给浴袍装压载物，也就是说当身穿浴袍的女士进入水里时，浴袍能保持下垂的状态。[19]

这样的细节并非不重要。它确确实实地起到了维护社会秩序和道德伦理的作用，自然也能让女性们免于唐突的目光。温泉浴或海水浴是18世纪的一项壮举，因此必须有一件与之相适应的服装。

海水浴者的整套身体仪式

随着礼法和优雅的举止越来越重要，美的标准，以及关乎身体礼仪的词汇也不断被强化。传播到都市社会阶层的宫廷标准，则为戏剧化的身姿或体态提供了模版框架。17、18世纪的技艺修养，作为身体这一完美的齿轮传动系统的总指挥，便是这般确立起来。身体成了社会行为的工具。

1782年，多佛尔的一位居民约翰·克罗泽（John Crosier），在他的私人日记里记述了他所参加的海水晨浴活动。

女士们，如果某天早上想洗海水浴，就会在其他衣物的里面先穿上一条法兰绒浴裙。她们来到海滩后，先脱去套在法拉绒浴裙外面的所有衣物，然后在抓紧向导（有时会有三四个向导）的手的同时，走入海里，一直走到她们想抵达的深度。之后，她们把头扎进水里，大概二十来次。回到岸上后，会有一些手里拿着毛巾、披风、椅子等物的女人等在那里，帮她们脱下法兰绒浴裙，并擦干身子。那些女人拉开披风把她们围在中间。她们穿好衣服后就回家。[20]

这一套井然有序的仪式，再次证明了海水浴有其自身的规矩法则。一举一动皆节制有度。不得体的举止是无法想象的。穿戴衣物、宽衣解带、陪伴、入水、擦拭、重新穿戴——这六个步骤严格地管理着海水浴者的行为举止。尽管海滩正在成为一个公众常去的场所，然而在端庄体面和美德的名号下，人们的身体还是受到了管束。

标准化也再一次起到规范调节的作用。在向导或女佣的陪同下，统一的仪式不仅能保护浪涛下的身体，也能使之免于冒失的目光。18世纪的人们依然惧怕海浪，但就破浪前行而言，身体技艺、浴车工艺在社会的科学化发展之下都得到了提高。

快乐的表达

这一时期，并非人人都沐浴泡澡，不过历史资料表明这方面的喜好正逐渐形成：年轻人是为了乐趣，其他人则是为了健康。享乐，尽管在17、18世纪十分罕见，但还是凌驾在实用性之上。众多的文章把泡浴和女性化的空间、肉体的快乐，以及一般意义上时代关于享乐的幻想联系在一起。人们对于感官和感官享受重新产生的兴趣，伴随着这一文化上的演变。泡在水里的慵懒的身体，处在舒适和惬意之中。如果说恐惧总是让人们在面对水上运动时止步不前，那么在私人空间里的浴洗从那时起既是享受快乐，也是洁身净体。这一活动的趣味性最终被认可，并构成比单纯的清洗身体更重要的文化沉淀。当然，新式的干净整洁也变得越来越重要，因为它能显示出不同——从布尔迪厄[1]关于阶层差别的意义而言——干净是一种体面，属于富裕阶层的准则，以及区分社会等级的代码之一。它通过包括衣领、衬衣、袖口翻边等在内的洁白织物，表明身体的卫生和健康。

既然大家都知道身体适宜在炎热的夏季入水，海水浴也从这一时期起有了它自身的时间表。狄德罗在1769年8月10日写给情人沃兰（Volland）及其姐妹们的信中，就有述及："哎，天好热，我似乎看到你们三个人都穿着泡浴的长衣。"[21]这一在酷暑时节把身体泡在水里的活动，最初盛行于上层社会，后来逐渐普及开来。当天气转凉变寒时，泡浴的人士可以躲在人工建造的热水池里泡澡，譬如在巴黎郊边、塞纳河边建起的浴室。人们用泵从塞纳河里抽水，以供应浴室用水。无论是为了浴疗，还是为了清洁身体，热水浴都是一项奢侈的享受：对于日薪仅为0.25法镑的工人而言，3法镑的价格过于高昂。启蒙运动时代，浴疗学成为显学，有关水的疗效的医学文章和作品在这一时期也接二连三地出现。

1750年左右，一项重要的变化正在发生：私人空间显示出它的影响力。人们注意到，一种全新的卫生理念和一种有助于浴室重新流行的心理变化正在萌生。18世纪下半叶，发展饮用水网络的市政规划同样有利于私人浴室的普及。与此同时，伴随城市化而产生的越来越多的垃圾，也增加了人们对于身体卫生的需求。大约出现于1740年的坐便椅，便是这一需求的反映，在当时它也是社会地位的一种标志。它后来十分盛行。此类家具表明了洁净身体的习惯的存在，即便文献资料对此几乎没有提及。为了保持"身体隐私部位"的卫生，人们清洗藏在"腋下、腹股沟、阴部、生殖器、会阴、两

---

1 即皮埃尔·布尔迪厄（Pierre Bourdieu），当代法国最具国际影响力的思想家。

臀间或肛门"[22]的汗液。私密开始出现，并通过清洗用具和专用处所显示出它的重要性。这是一种脱离公用空间，与众隔离的私密；在摆脱人群的同时，这种私密将加强自我意识。很快，卫生洁净带来身体的解放，后者将冲破束缚，并脱除生硬呆板。

　　游泳，除了它的实用性，作为一种快乐的源泉也受到了大众的认可。游泳时，人们不是懒洋洋地躺在水里，而是和水形成一种动态的交流。在一个性压抑的社会里，男人剧烈的入水动作被视为一种满足性冲动的可能：人和海水之间的交合假象使人得到一时的满足。[23]

　　如同个人的抱负一样，隐私的乐土、精神的共鸣和感官的享受在18世纪开始显示出轮廓。人们在海边漫步，品吃海鱼，享受某种异域的风情，这完全不同于城里的焦虑和脏臭。不过在19世纪中叶之前，人们还是通过设立男女分隔的浴场或沙滩，或者通过规定同一区域不同时间段的使用，把洗海水浴的男性和女性互相隔开。"端庄"依然是最主要的美德，洗浴者的一整套身体仪式是德操的一种标志。人们的道德品行由木块、织物、分隔的设施或措施来保证，简而言之，便是由维持性别的不平等来保证。因此，尽管时人获得了某种身体自由，而新的屏障又已然竖立在男女之间。

第五章　初期海滨浴场的装束
（1800～1850）

18世纪，人们在海岸地带开启了一种全新的生活，起初是遵循医嘱，后来则变成在浴疗之外的时间里享受海水浴疗养地的各种活动。这种全新的生活在西欧经历了三个飞速发展的阶段。1783年至1792年之间，多佛尔海边的英国常客，纷纷前往奥斯滕德（Ostende）和布洛涅（Boulogne）海岸进行疗养——英法战争（1778～1783）结束后，英国游客的回归成为可能。不过，战争的重启、法国大革命和拿破仑战争期间海军的海上活动，又把英国游客推到了波罗的海北部和北海等海岸地带新开辟的浴疗地，如此一直持续到1815年。在这一旅游衰退期之后，法国又重新见证英国游客的空前涌入。从那以后，整个欧洲似乎对海岸特有的舒适惬意、有益身心都确信不疑了。

全新的卫生保健：当水走入日常生活

19世纪初，盥洗是贵族阶层一如既往的生活惯例。乔治·维加雷洛讲述了两个这方面的例子：拿破仑·波拿巴（1769～1821）用一个陶壶泡脚；塔莱朗（Talleyrand，1754～1838）每天都泡洗他的瘸腿。至于清洗下身的女用坐式浴盆，在1800年以后也变得越来越常见。一般的穷苦人家，在清洗私密处时，往往用一个普通的水罐，以取代插管和灌注器。这表明了当时冲洗的习惯多种多样。因此，清洗身体在18世纪和19世纪之交，不仅成为公认的习俗，也宣告了一个崭新的时代的到来——水这一要素进入日常生活之后出现的卫生保健的时代。

霍乱与公共卫生

"卫生"一词于1575年第一次出现在安布鲁瓦兹·帕雷（Ambroise Paré）[1]撰写的《外科简介》（*Introduction à la chirurgie*）里，不过该词语还没有人们如今赋予它的含义。它当时和"保健"（diaitetique）相关联。人们第一次使用这一术语的现代含义，则是在1833年时任贸易和公共工程部长的阿道夫·梯也尔（Adolphe Thiers，1797～1877）的一份通报里。他的表述"公共卫生"很快就反复出现在19世纪纷繁迭出的"卫生百科全书"里。这是对某类活动的高度认可，而此类活动直到当时只出现在一些和养生或保健相关的专论里。从那以后，卫生学开启了关于水的历史新篇章：它指导人们认识有助于养护身体的方法和知识。当时，干净卫生首先是一种公众利益。新的病害的出现，尤其是霍乱，促使医生们主张维护城市卫生，整治公共场所。用水成为城市卫生的一项指标。

在经历了16世纪的黑死病，以及后来的末世论引起的恐慌之后，西欧社会科学化之下的合理化改革，促成了消灭传染病的全新管理。当时，人们对霍乱充满恐惧，只因这一流行病极大地改变了

---

[1] 安布鲁瓦兹·帕雷，法国外科医生，享有"现代外科之父"的美誉。

生活习惯。水成为政府当局消灭传染病的主要手段，而不再是威胁。1832年的4、5月间，巴黎霍乱肆虐，城里的居民们屡次凑钱以加快街道的洒水工作，政府则为快速推进水管安装项目提供资金。人们的想法有了深刻的变化。时人利用水、氯和一切能够降低腐臭味的东西抵御霍乱的蔓延。

能够起到避免感染作用的沐浴泡澡，在霍乱的传播和蔓延之下，强力回归。与此同时，总体供水的不足备受人们的诟病。在疾病主要波及的穷人街区，几乎没有供水。因此，英国首先加强了配水管线的分布，法国紧跟而上。这便是公共卫生出现的时代，它伴随着令人耳目一新的浴室的建造。卫生学家们坚持：必须保留塞纳河边已有的浴室，并且还要在首都的居民区里开设澡堂。1816年，巴黎有15处洗浴的场所。1831年，浴室的数目上升到78家，然后一路增至1839年的100家。1849年，霍乱在巴黎暴发，造成2万人死亡，这一波传染病又进一步促进了卫生学的发展。

如此一来，对于疾病的研究，便把古代抵御海怪的斗争变成了抵御隐秘的病菌的斗争，而水能去除病菌。水，除了能确保某种道德秩序之外，它还能消灭无形、无味的东西。污秽不仅有肉眼可见的，也包括肉眼不可见的、会侵害身体的微生物。沐浴泡澡从此成为最好的除菌消毒的方式。空气、脏水和土壤里的细菌无处不在。[1]当然，在富贵人士的眼里，细菌滋生于贫困之中，而贫困本身就是流行病的病灶。

差异和偏见

当富裕阶层享受他们公寓里的特殊设施（譬如洗手间）时，大多数城市居民尚不具备这样的生活条件。建筑学家雅克·让·克莱尔热（Jacques Jean Clerger，1808～1877）坚决主张把公共空间的干净和个人卫生联系在一起："爱干净的习惯会促进整洁，而家居的干净则需要整洁的着装、洁净的身体以及最终干净利落的生活习惯。"[2]这一全局性的目标同时又具有道德和教化的属性。从此，脏臭具有了邪恶的面貌，也因而成为道德败坏的符号。显然，笼罩在穷困之上的是关于瘟疫的记忆，穷困成了瘴气的携带体。衣着褴褛意味着尊严的丧失。处于工业化发展阶段的巴黎，空气污浊发臭，同时新人口大量涌入；减少贫困，通过加强公共卫生向穷苦大众传福音便成为当务之急。培养人们用水清洁身体的习惯变得重要起来。

在以提高卫生水平为己任的塞纳河卫生委员会（Conseil de Salubrité）的推动之下，公共浴场免费或降价供民众使用，小学里有关干净整洁的课文和课程也日益增多。1819年，巴黎公共浴场的光顾人次为60万，而巴黎当年的居民人数为70万。1850年，巴黎人口大约有100万，公共浴场的光顾人次多达200万。不过，这些数字并不能说明去浴场的都是哪些人，以及他们的光顾频率。公共浴场的地理位置则是一个更好的指标。1839年，巴黎83%的公共浴场位于右岸，即富人街区，随后又向新兴的资产阶级居住的西部地带扩展。公共浴场的地理分布不均匀表明了显而易见的社会差异。私人宅邸可以拥有自己的浴室；同时，一些奢华的浴场也开门营业，接待家里或许没有洗漱间的富有人士。至于寻常百姓的习惯，则是夏季常常在河流或溪水里洗澡，就像奥诺雷·杜米埃（Honoré Daumier, 1808～1879）的漫画所表现的那样。[3]带有清洗盆的小家具（与双手齐高，可以用来浇洗脸部）逐渐流行了起来；与此同时，香皂成为最受欢迎的美容用品：它不仅去污除垢，其实还指出了人们对于水的接受——至少是温水。[4]

在寄宿学校，单独洗澡依然不被允许：学生独自面对泡在热水里的身体，可能会自我抚摸，从道德的视角而言，这很危险。因此，六七月份常见的冷水浴，尤其是在塞纳河边的浴池里洗冷水浴，更受到人们的支持。同样，女子寄宿学校里的女生们，习惯于裹在她们的浴衣里洗浴：穿着少量的衣物擦拭身子比自我抚扯更为可取。[5]对于洗浴，尽管当时存在着上述这些保守观念，但对于孩子们在塞纳河里游水，人们不再反感。相反，河里戏水的孩子们成了日常景观。

时人对于洁身净体的前所未有的兴致，也可以从巴黎日益增多的专利申请上看出。从第一份申请提交的1813年到1849年间，共有76份关于洗浴产品的"发明"的申请。[6]专利数量的增加揭示了大众卫生和个人卫生的重要性，19世纪下半叶也进一步证实了这一趋势。

洗浴产品的发明创造应用于家庭的梳洗空间，以及诸如寄宿学校之类的公共场所。并非每一项发明都应用于现实生活，但是专利的申请标志着时人对保健卫生重新燃起的兴致。此外，当保健涉及清洁时，发明家们并没有忘记女性：在那些个人专用的新发明中，我们可以看到1849年出现的两款"外阴冲洗注射器"[7]。该类器具从18世纪的灌注器或灌肠球中获得灵感。19世纪下半叶，有关阴道清洗的专利不断增多。

不过，产品专利的增多并不能证明人们常常使用公共浴池或私人浴室。洗浴的普及，在当时还缺少某种风气或观念的加持，也就是说，很多人还是会把洗浴和有伤风化联系在一起。唯有破除了洗浴引起的欲望的符号，抹去印在它上面的道德规诫，男女老少才会真正地扑向水里。

重重障碍依旧存在

关于沐浴泡澡，19世纪的人们依然疑心重重，正如巴尔扎克的生活逸事所揭示的那样：为了完成一部写作进度落后的书稿，作者在一个月的时间里既不洗澡，也不刮胡子。由于他总有不能及时交付的书稿，又担忧心神涣散会妨碍他重新投入写作，所以他害怕踏入浴池。直到1850年，人们对于清洗身体的疑虑仍然存在。虽然时人接受了水，但是他们选择温水浴，拉长去浴池的时间间隔，入水时也小心翼翼，而且对于洗头有所顾虑。这些预防措施为的是抵御疾病，消除身体的沁汗和虚软乏力。浴池里徘徊着一些错误的想法：沐浴泡澡过多，水会变成使人堕落的淫秽之物。

身体的裸露仍然是一个问题。为了在海滩上卸去各种基本配饰，譬如小阳伞、帐篷、遮阳帽、面纱或手套，就必须考察西方关于肤色的文化。人类的肌肤若暴露在阳光下，就会引起黑色素的分泌。在基督教产生之前，美白的问题并不明确。比方说，古埃及人就崇尚褐色的皮肤。此外，即使古希腊－罗马文明开始推崇浅淡的肤色，也很难想象地中海地区的人们如何能避免肤色变深。基督教时代推翻了一切：黝黑的皮肤成为消极的事物，人们把它和魔鬼、地狱、罪恶联系在一起。在几近两千年的时间里，白皙的肤色标准定义了西方基督教文明下的美。肤色的"旧规则"强调，一切和白净、平滑、紧致相对立的，都是丑陋或危险的。19世纪，人们一方面使用美容配方和洗液提升面部气色，另一方面用樟脑和能去除皮肤黄斑的氨水混合物淡化雀斑。[8]（从前，对于极致美白的追求在奥维德《爱的艺术》里就已令人觉得虚幻。）唯有等到19世纪末的富裕阶层颠覆了美的规则，人们对于肤色的观念才发生转变。这一时期，一方面医学开始鼓吹阳光的益处，另一方面财富则体现在拥有一套海边别墅——全新的休闲地的符号。

慢慢地，崭新的身体出现了。它不再隐而不见，而是有所改观，只因从端庄体面的角度而言，它必须令人满意。

水中维纳斯的诞生

19世纪洗海水浴的男性拥有属于他们的泳装。女性海水浴者也同样拥有她们的服饰，但在端庄得体的名号之下，她们的装束意味着掩身遮体。然而，旧时的条条框框开始摇摇欲坠。海滨度假胜地的飞速发展促进了与自然融为一体的愿望。

时尚化的沙滩服饰

1802年，当时还没有成为小说家的伊丽莎白·汉姆（Elisabeth Ham，1790～1883）在她的日记里写下，她穿着绿色的篷布缝制而成的浴袍洗海水浴有多么开心。篷布这种粗呢绒的布料类似于毛毡，它的厚度不仅能抵御阳光、海盐和沙石的刺激，还能很好地遮掩身体。这便是当时洗海水浴的理想服饰。[9]

19世纪初期，人们的外形装束出现了许多变化。这些变化表明制造商们早已关注沙滩服饰和泳衣的发展动向。1840年在伦敦出版的《女红指南》，就提供了缝制浴裙和浴帽的基本说明；这类衣物的面料材质与配色的选取，主要考虑的是卫生保健和朴素庄重。该指南的作者推荐用精纺面料，亦即一种粗厚的料子。精纺面料最初是纯羊毛的，后来变成了由亚麻的经纱和精纺毛纱的纬纱纺织而成的混纺面料。与此同时，由于深暗的色彩让人看起来不显眼，所以女性海水浴者推崇蓝色或黑色的装束。诚如《指南》一书指出的一般，当时的许多浴袍依然和那件属于玛莎·华盛顿的浴服相似。[10]不过，伴随着1830年至1840年间已经建立起来的市场营销策略，消费者的感受也在不断改变。

正如人们衣橱里的其他衣物一样，泡澡洗浴的服装样式也随着季节发生变化。伦敦的服饰商推出广告，大力宣传海边的专用衣饰。一些商家向购买外套的消费者赠送礼品，譬如海边戴的蕾丝面纱；还有一些商家则推广一些名之以其能的服饰。斯卡伯勒套装（*Scarboroughsuits*）便是借用了斯卡伯勒这个海滨城市的名称。时尚杂志嗅到了海边疗养、休闲等活动的重要性，迅速推出6、7、8月份的浴服或泳衣特刊。1840年以后，海水浴服饰的色彩开始变得鲜艳起来，男性的衣着也出现新花样，譬如"舒身"的上衣和土耳其风格的灯笼裤与头巾，而不再是常常套在他们身上的笔挺的三件式。

19世纪的前二十五年间，制造商已经推出了一些畅销品。沙滩服饰沦为廉价货。这类价格比较便宜的衣物，由于质量低劣，穿戴的时间显然有限。在这一时期，海边度假的游客的浴服或泳衣也只能穿用一季。时尚突飞猛进，每年夏季的海边服饰都有变化。[11]

1848年的一篇文章详细地介绍了美国夏季海水浴疗养地的流行装束，文章提到每一项活动都要有相应的穿搭，并以洗海水浴的服饰作为结语：

> 我们就不赘述适宜的海水浴服饰了。大家可以在市里任何一家售卖此类服饰的商店里购买。这些衣物的缝制和式样是如此的粗劣，只需一点手艺就可以改进，因此它们的组合在很大程度上取决于每个人的喜好。[12]

当时，美国的商业网络不如欧洲发达，美国商店里售卖的商品也不如欧洲那般花式多样，因此在当时的美国，一条缎带、一个纽扣或者一道针织的条纹都能大大地提升普通衣物的美感。

另一段记述提到了某一过渡时期的浴袍的式样,这一式样大概在19世纪40年代和50年代之间出现:腰带扎在宽松的长袖袍服上。当然,一如既往,海滩的装束有了浴帽才完整:

> 它们(浴帽)是丝织制品,长发的女士们往往在入水时佩戴……而短发的女士们得到的建议是,洗海水浴时戴上亚麻浴帽,以使穿透进来的是海水,而非沙石;如此一来,女性海水浴者,除非健康因素不许可,就可以尽享与海水充分接触的美妙和舒适,而无须担心发质受损。[13]

尽管时人对海滩度假服饰予以重视,但当它湿透时还是会束缚人们的活动,浴袍也因而不断得到改良。然而,海滩服饰革新的前提是,海水浴必须不再被视为某种简单的入水泡身的活动,它也不再纯粹是为了疗愈身体。

人人皆可学游泳?

比起殖民者忙于垦荒土地的北美,游泳在欧洲确立其地位的时间要更早。但此项运动在北美还是逐渐深入人心,而这尤其要归功于大力提倡游泳的本杰明·富兰克林(1706~1790)。在他以留给儿子的信件的形式撰写的自传(1771年出版)中,他提到自己早早就对游泳萌发了兴趣:"自从孩童时代,我就着迷于这项运动,我不仅研究并练习了泰弗诺(Thévenot)[1]《游泳的艺术》里的动作和姿势,而且为了游泳时肢体动作的优美和流畅,我还加入了一些自

---

1 即麦基洗德·泰弗诺(Melchisédeck Thévenot),法国17世纪作家、科学家、发明家、旅行家、东方学家和外交官,因1696年出版的畅销书《游泳的艺术》而闻名,这本书使蛙泳流行了起来。

己的动作和姿势。"[14]此外，他还抓住一切机会，鼓励身边的朋友学习游泳。他本人关于游泳的练习指南就多次出版。美国第一所学习游泳的学校最终也在1827年于波士顿成立。

19世纪早期，传授如何游泳的书籍在北美纷纷出版。正如这一时期常见的情形一样，众多的篇章都是从一本著作中被摘抄到另一本中，不过1846年的时候，詹姆斯·阿灵顿·贝内特（James Arlington Bennet）博士撰写了一本建立在他自身关于游泳的技术体验和科学尝试之上的著作。根据他的图解论证，他个人十分支持女性学习游泳，因为这项活动能保持身材。[15]尽管此观点尚未令人信服，但它还是给人们留下了印象。

女性学习游泳的费用要更高昂：在海滨浴场，犹如在伯克莱温泉疗养地一样，鞋子、浴服、浴帽以及租用拖车等，都构成了巨大的花销。然而，当时确实存在某种对于泡浴的热情。位于纽约以西400多公里处的伯克莱温泉的声望的下降，只不过是其他更靠近纽约的温泉疗养地兴起的结果，比方说距离纽约北部不到300公里的萨拉托加（Saratoga）的温泉胜地。不过，在尚处于开拓、垦荒时代的美国，必须等到一些新建设施和铁路线完工之后，浴疗地才能变得交通便利，且令人向往。19世纪50年代，随着火车的到来，受益于这一时期的便利、宽大和设施优雅的伯克莱公共温泉又兴盛了起来。男士温泉区由14间更衣室和10个宽大的半集体浴室（既可单人使用，亦可公用的浴室）组成。此外，一个巨大的公共浴池也破土而出。至于女士温泉区，则在周边环绕着几公顷的树林，这些树林成为阻挡偷窥者的天然屏障。[16]

变得平易近人的大海：游艇、沙堆和海边别墅

平民阶层对富人生活的热衷模仿带来了海边休闲娱乐的普及。

那时，远航已不再令人恐惧。正如移居海外人口数据所显示的，19世纪宣告了越洋交通便捷时代的到来。大不列颠帝国的扩张便是其中一个突出的例证。对于美洲大陆和南半球的征服，在长达数个世纪的时间里改变了大不列颠及北爱尔兰联合王国的国际地位。在政府的大力宣传之下，广大英国民众支持他们的海军，颂扬他们的舰队。皇家海军至高无上的军事地位加强了帝国的政治，而对于大海的征服不仅成为大不列颠形象的决定性因素，也成为旨在加强统治而极力扩张的大不列颠版图的符号。英国贵族阶层理所当然地显示出对于海洋环境的亲近。1812年，皇家游艇俱乐部在英国南部的怀特岛成立；1826年，第一届帆船比赛举行。赛事启发了威廉·透纳（William Turner，1775～1881），他于1827年起便前往怀特岛的东考斯城堡（East Cowes Castle）写生。在一艘停泊在英吉利海峡的战舰上，他完成了关于这一帆船运动的70幅素描和8幅油画速写。

海军和上层精英对大海的征服必然促成海边住宅的快速发展和普及。没有了"死亡味道"的海岸，变成了宜居之地。富人们于是决定在一年中的某段时间前往海边生活，拓展他们的享乐。一部分海岸因而成为度假胜地，尤其是在气候宜人、阳光充沛、生活也似乎更甜美的法国。比亚里茨（Biarritz）[1]迎来了众多的英国游客，也迎来了同样追随海滨度假时尚的巴黎人、波尔多人和里昂人。1835年，饱受内战之苦的西班牙的公爵们和伯爵们也避难于此。正是在这一时期，散心解闷的避风港开始变得不可或缺。第一处海边别墅建于1841年。贵族阶层的奢侈享受便体现在那些高悬在岬角之上的房子上。在远离大城市的滨海度假胜地拥有一处住宅，是个人财富的展示。海边景点，在日常用语里，成为地中海沿岸的一种体

---

1 法国大西洋沿岸最奢华、最庞大的度假胜地。

验，一种欢聚之所。这里有音乐会、演出，还有供应海鲜的新餐馆。在那些有机会前往海边度假胜地的人士里，普通人是不能参加上述活动的，但海岸并没有因此失去人心。

铲子、水桶、沙堆、水上游戏、欢声笑语，以及其中夹杂着的咸咸的海风和阳光的抚摸，都为即将到来的度假时尚提供了标准。1836年，狄更斯描述了塔格斯一家在拉姆斯盖特[1]的活动："手里拿着木铲的孩子们，在沙滩上挖洞，洞里很快便填入了海水。"他们出神地看着"海蟹、海藻、鳗鱼"，晚上则返回海滨浴场中的赌场[17]……假期的节奏难免陷入某种千篇一律之中，然而现代海滨浴场就这样诞生了。

所有的这些变化都波及女性的状况。新的诉求不断出现，尤其是以性别平等和女性解放为基础的诉求。与此同时，全新的指令也开始粉墨登场。

笼罩在阴影之下的女性诉求和标准的束缚

女性诉求和女性团结并非19世纪的发明创造。女性力求凸显她们的想法，尽管这往往有所局限，但在历史上从未中断过。19世纪上半叶则见证了两股相左的力量的发展：一边是女性对其地位的反抗，另一边是父权制度对于她们身体的控制。在法国、英国，同时也在印度和南美，女性抗议的声音此起彼伏。有些女性甚至因争取平权之名而失去生命。然而，一切都无济于事。法律认可女性低下的司法地位。随着身体似乎逐渐得到解放，在工业化进程中推动欧洲社会进步的效率机制，也在流行服饰制造商、成衣商或其他业

1　19世纪英国最著名的滨海城市之一。

内人士的生产目标中引入了某种关于体式的合理规划和协调。此种规划和协调旨在重新调整或提升体形，使之得到社会的认可。这便涉及一段完整的历史：经济的、政治的以及治安的发展。那是一种正在形成的社会排斥体系，它以对女性身体以及男性身体的全新禁锢为基础。

女性的声音：被压制和被消解

尽管从历史上讲，女性运动名目繁多，但目标都在于消除女性在其地域文化背景下所受的压迫。对我们而言，接下来重要的不是要书写一部关于女性主义的全史，而是要介绍19世纪上半叶女性解放运动的几次坐标事件。

在欧洲，《拿破仑法典》的约束力并不局限于法国，它终止了大革命时期产生的女性解放的希望。1789～1792年间的希望似乎远去了。这部法典再一次重申女人必须忠于其丈夫，服从于他，从而再次强调她们低下的地位。在大西洋的另一边，美国独立战争同样采纳了这些原则。然而，当时的女权运动者谴责女孩只能受到有限教育的现状，主张她们的教育应该摆脱宗教背景，走向初级和中级的全民教育。与此同时，女权运动者同样诉求她们在婚姻、嫁妆、财产管理以及一夫多妻制方面的自愿原则。

19世纪以来，投身于争取女性权利运动的，并非只是一些西方人。我们尤其要提及的是波斯女诗人、神学家法蒂玛·巴拉加尼（约1815～1851）[1]，她是伊朗女权运动的代表人物，开启了一项多元的运动。尽管出身于一个备受尊敬的正统伊斯兰教家庭，她公开反

---

[1] 法蒂玛·巴拉加尼（Fatima Baraghani），又被称为"纯洁者"（La Pure）、"眼睛的安慰"（Consolation des Yeux），是伊朗19世纪上半叶巴布教派运动的重要人物。

对面纱，反对夫妻关系中的不平等以及一夫多妻制。后来，她改信巴布教（Babisme）[18]，一个在当时被伊斯兰教徒视为亵渎神明的教派。她三十六岁时被杀身亡，而伊斯兰世界的女性对她却知之甚少，只因她热情传播的巴布教受到镇压。[19]

在论及欧美外的女性解放斗争时，法蒂玛·巴拉加尼是一个典范。尽管维护女性权利的运动多种多样，甚至分化不同，然而人们可以注意到某些主题的反复出现，譬如女性教育、女性身体的完整性——后者是本书的关切所在。

打造常规之外的身体

使用社会科学不同分支的主要概念，比如规范、规范性或者规范化，对于摆脱过于狭隘的学科界限大有裨益。当涂尔干、康吉莱姆和福柯以行为规范和社会中的价值准则作为研究的出发点时，在属于权力范畴的社会规范和与标准联系在一起的统计规范之间，就出现了区别。规范化的指令用来管理和干预社会，而惯例则带来需要遵循的标准和路线。然而，当规范成为一项需要执行的、高效的——越来越频繁地以统计学的方式计算——常规或者某种流程时，它就变成了标准。比起规范，标准对"普通的不循常规"和"反常"有更多的拘束。[20] 在这种情况下，标准成为危险的事物，正是它决定了隶属于某个群体或被排斥在外。

当服装业界人士把一些数据和工具整合到一起，建立起一套科学的、系统的学说，那么他们便打造出了一个提高工艺效率、富有成果的流程，而这个流程则使得标准具有了约束力。把统计学量化的平均值应用在身形之上，便构成了标准的束缚：尺寸和一般性不相符的身材被排斥在外。在法国大革命之前，体形的变量仅仅被看成个体的数值，不会自动予以排除。然而到了19世纪，这一变量在一些标准的基础上稳定了下来,而这些标准实际上却是对身体自然尺寸的扭曲。身材按照一些绝对的,而非个体的规格进行测量。量化标准的统治地位,犹如一种科学的、社会的模式一般,获得公认。在服装业界人士的操作流程下,人体测量学,一门以归入和剔除为基础、有着双重面孔的学科,迅速发展了起来。

根据比利时统计学家阿道夫·凯特勒[1]的说法,"平均身高的人在一个民族中正如重心在身体中的位置"[21]。竞争越来越激烈的商业环境,对于技术革新日益加深的兴趣,以及专利竞赛,都促进了对于身体的学科定义。一批新型的企业家开始使用比例、大小、尺寸,进行系列生产。传统的裁缝也加入到这一对于身体而言全新的打造之中。虽然度量单位和标准化在19世纪早期备受诋毁,但很快它们又被视为新兴的民主和平等观念的写照。服装生产商和裁缝们在抹去一目了然的阶级差别的同时,赋予了社会的民主化某种"实质"[22]。他们做好充分准备,以便打造这一社会学和政治学意义上的全新人体,尽管这一体形最初是在工场或作坊里生产出来的。

尺码标准:现代社会的主角

法国大革命以前,尽管时尚无可争议,然而乍看之下,每个人都有自己的尺寸和适合他本人的服饰、镜片或假牙。不过,水手和军人的服装早早就设立了正式的规格。后来,服饰体系便不再完全以个体的身体尺寸为基础。无论是裁缝工人,还是他们的操作工具,都表明了一种标准化的发展。型号出现了,直接为顾客量体裁

---

1 阿道夫·凯特勒(Adolphe Quetlet),比利时著名统计学家,近代统计学之父,数理统计学派的创始人,身高体重指数的发明者。

衣的传统——为了纠正不符合规格的偏差——消失了，在此过程中，现代的体形出现了。大革命期间，当人体的基础尺寸向米尺过渡时，出现了一个突然的转变。1800年左右，卷尺和分米尺纷纷出现在裁缝的工具箱里，就犹如出现在医生的出诊箱里一样。在平等的观念之下，西欧广泛采纳了某一分类体系，它的主要作用是分析可接受或需舍弃的模态。效率、结构和简洁成为19世纪有关身材的主要词语。古代神话故事里的神明，观景殿的阿波罗和美第奇的维纳斯被取而代之。以厘米为刻度的卷尺作为精确的科学度量工具，确立了自己的地位。旨在提高精确度与效率的度量新体系的建立，又带来专利数量的增长及缝纫工具的复杂化。

早在19世纪初期，裁缝们便开始为服装画图仪（costumomètres）或测长计（longimètre）申请专利，这两种裁衣工具把18世纪的定性分析和数学语言变成了几何练习。在制作一件适合于不同尺码的衣服时，身体成了平行四边形、双弧线和点的组合。[23]专利数量的大幅增长证明了服装行业和权力当局对于系列生产的兴趣。在探讨测量技术和方法的过程中，裁缝们统一了业界的操作惯例。1830年至1840年，量身器（somatomètre）的出现又开启了身材丈量的一个新阶段。身体被裹在一个由一些软尺组成的器具里，这些软尺又转化成一副能标出金属骨架规格的铠甲。这一把身体从脖子到脚趾包裹起来的罩壳，同时能测量臂长和臀围。时装业从业人员便是这般在他们的工作中实现精确的计量：一套伪科学的促销词汇促进了仪器设备的使用，后者让使用者的工作如虎添翼。然而，小号、中号、大号……这些标准尺码的推出还是有着不可忽视的社会影响。它们不仅在很长时间内改变了美的标准，事实上，也把一部分人排除在外。

第六章　体形的变化和泳衣的出现（1850～1920）

体形的变化

19世纪以"服饰创新"而闻名，然而比之出现更早，并伴随着这一创新的体形变化，却几乎没有受到学者们的重视。[1]可以毫不夸张地说，自18世纪晚期以来，在体形分析的新方法之下，人们对于日常的体态、行为和活动有了崭新的认识。这类前所未有的观念又极大地影响了四季的服饰。

美的新标准

尽管服饰制造商、医学人士依然吹捧着不断推陈出新的款式，女式紧身胸衣在城市化和工业化的时代浪潮之下还是逐渐退出了历史的舞台。[2]去除了紧身胸衣的体形，获得某种形式的"新生"。没有了紧身褡和束腰带，体形的缺陷越发显而易见。紧身胸衣被束之高阁，细腰肥臀也不再时髦。纤长的身材成为新的趋势，相应出现的便是对于完美身材的新要求、辅助减重的体重磅秤，以及标准尺码体系的迅速发展。身体越来越轻盈，裸露的部位也越来越多——当时纷纷出现在海滩上的，正是这一正在重新构建的身体。

苗条身材占统治地位的时代开启了。

紧身胸衣的没落和大长腿的出现

从那以后，自然的身体曲线开始展露。随着镜子走入日常生活，女人们开始对镜自赏，打量着镜中去除了紧身胸衣的全新身形。尽管19世纪中叶以后紧身胸衣就被视为影响身体健康的一种桎梏，然而它的没落期却持续了很长时间。西方女人完全摆脱它的裹绑和捆束，还需要等待半个世纪。直到1910～1920年间，年老的女人和超重的女人仍被鼓励穿着紧身胸衣，但是医生们已不再建议其他女性这般穿着，皆因此类服饰不利于呼吸。

紧身胸衣制造商和销售商力图为一些精巧、健康、"舒适"的产品申请专利、投放广告[3]，然而效果并不理想。19世纪末，紧身胸衣只能在奇装异服的衣橱里找到一席之地，并且一般是作为内衣和浅口鞋一起穿搭。在当时，公共场合之下的身体摆脱了旧时令人恐怖的裹束，在私密场合却又重新束紧。一种新型衣饰——性感睡衣问世了。[4]

紧身胸衣的消失使得腿长获得全新的重要性。修长的双腿将是海滩上的第一道风景线，这又促使身体的部分裸露变成极其普通的现象。道德是非的界限开始动摇，在对镜自赏时更是逐渐变得模糊（照镜子是一种相当时新的现象，部分归结于镜子价格的降低）。在新的道德观的默许范围之内，女性标准不仅是明信片上性感撩人的曲线，也是日常生活中不再裹胸束腰、合乎人性的身材。在巴尔贝克，当《追忆似水年华》里的主人公看到那些海边少女时，便一下子被迷住了："这些有着修长双腿的曼妙身姿……有着一种轻快和狡黠。"[5]自信于美貌、大胆无畏的女孩们，赢得了人们的喝彩。裹身束体的紧身裙最终受到了致命的一击。

19世纪末，查尔斯·吉布森[1]所画的洗海水浴的女人，出现在《生活》杂志上，这些美国的新女性为欧洲做出了表率。"吉布森女郎"宣告了轻盈的体态以及全新的美式生活艺术的到来。1900年，巴黎奥运会期间，新世界向老欧洲展示了一种面目一新的女性形象：俏丽、年轻、朝气蓬勃的运动女孩。这一形象诚然具有美学上的意义，但也是和某种经济、政治意义上的成功理念以及美国模式同时发展起来的。蕴含着某种舒适的生活方式和准则的运动服（sportswear）也随之漂洋过海。不久之后，这种生活理念便在欧洲深入人心。

这便是一种全新的理想身材。既然从今以后要征服美，那么就要援用一些万全之策，以达到这种难以实现的美。

美的理想：苗条

穿着上，从细腰肥臀的凹凸曲线过渡到纤瘦苗条的修长平直，改变了身材的标准。运动和饮食于是成为保证女性美的坚实后盾。

在长达数世纪的时间里，富贵阶层的女士为了站立时保持笔挺、端庄的身姿，往往借助于收腹隆胸的短上衣或束腰裹腹的紧身胸衣。后来，有关体育锻炼的文化塑造出了小腹平坦、"细腰身、平肩、丰乳"[6]的理想女性形象。19世纪60年代，一项为促进身体健康而发起的声势浩大的运动，也极大地加快了体育锻炼的发展。女性受到鼓励，急于摆脱她们在身体锻炼方面不作为的状态——在此之前，女性的运动锻炼一直受到社会道德准则的束缚。游泳，早已被视为一项有益于男性健康的运动，此时也被推荐给女

---

1 查尔斯·吉布森（Charles Gibson），美国插画家，他所创作的"吉布森女郎"是19、20世纪之交美丽而独立的欧美女性的标志性代表，他也因此而闻名。

性。1866年,一篇名为"女性体育活动"的专栏文章就断言:"海水浴,正如我们在海滨浴场常见的那样,无疑是一项惬意的娱乐;如果再加上游泳这一活动,那么人们在海滨的乐趣将有增无减,游泳潜在的功用或益处也将更大。"[7]尽管时人已将游泳描述成一项解放身心的轻松的活动,但它还没有流行起来。不过一种学说却产生了:体育活动能维持身形、促进身体健康,也能让身材拥有适当的比例。因此,运动的优势在于,它在养护身体内在的同时,也让身体外形变得讨人喜欢。

1900年以后,法国的营养学家们确信女性更容易发胖,这一方面是因为她们的皮下脂肪层较厚、新陈代谢缓慢,另一方面也与其深居简出、久坐不动的生活方式有关。营养学成为一门公认的新学科。医生、江湖术士纷纷为瘦身出谋划策。人们对于身体的不满根深蒂固。为了拥有令人满意的身材,除了节食之外,常见的手段还有甲状腺粉和一些减重的处方药。19世纪末期,身体开始以其真实的轮廓显现,天生的不完美让人难以接受。各种报刊对肥胖大做文章,几乎把它描述成一种女人特有的问题;有关瘦身的浴盐、碘、乳膏、甲状腺胶囊的广告,则日益增多。这一时期,女性纤瘦的完美形象大量涌现。与"自由放任"的身体相对立的,是缩小下巴、腹部、腰身和臀部的神奇胶囊。如果这些胶囊达不到效果,商家还准备了各种各样的瘦身仪器:静脉曲张针、电极,甚至是装有电池的按摩棒(1906年起在巴黎销售,价格为25法郎)。修身瘦体的揉捏术、按压法、起搏器以及电摩具等,都已一应俱全。

体重控制于是成为快乐不可或缺的前提。在19世纪尚未成为减重道具的体重秤,在20世纪初期甫一登场,便引起轰动,但与之同时,它也成了女人的敌人。1903年,《女性手册》(Carnet féminin)为体重控制提供了一些基本的指示:"普遍的观点是个人身高值超出一米的部分,有多少厘米,体重就应该是多少公斤。"另外,体育运动能进一步提升减重的目标:在众多不同的训练方法之下,体育运动能保证一星期减少1公斤,直至达到"体重和身高相对应"的水平。在浴场的更衣室和当时新兴的美容院里,女性的身材正在悄然发生变化。[8]

这一完美的身材会带来什么后果呢？1870年以后,食欲不振开始成为医学探讨的主题之一。营养学家在担心丰盛的饮食影响男性健康的同时,也注意到一些女性体重过轻。19世纪90年代,已有医生提及缺乏食欲的女病人在身体机能方面的问题。20世纪30年代初,巴黎医学院的马塞尔·拉贝（Marcel Labbé）诊断出一些年轻女性患有"厌食症",她们因害怕变胖或出于对纤瘦身材的追求而产生某种"强迫心理"。

与此同时,被视为光明之城、创造与变革融合之地的巴黎,成了"美丽之都"。巴黎女人的形象是以生气勃勃、伶俐活泼、轻巧优美的女性范式打造出来的,她们的优雅独一无二。那是一种培养出来的风姿。学习游泳和体育运动整合出了这一女性美。它不仅缔造了巴黎的美誉,还备受作家们（如巴尔扎克）的称颂。在巴黎之外,外省枯燥无聊的生活则被认为会让女人们姿容减退。并非只有文学巨匠吹捧巴黎女人的俏丽和优雅,画家亨利·勒贝尔（Henri Lebert, 1794～1862）就不断地强调巴黎女人和法国外省女人的差别。[9]

当时,有些女性像男人一样,读书看报,练习击剑、游泳。在有关她们的言论里,我们总能察觉到女性歧视的色彩。女人在不得体和得体之间的困境,还远远没有得到解决。然而,这并不能阻止某些女性群体在政治上站位,要求获得与男性同等的权利,以及走上街头进行抗议。她们在公共领域的此类抗争,同样涉及当时正兴起的体育运动。

19世纪晚期,体育运动开始发展起来。这同时也是现代化进程的一部分。对于被封闭在脏臭的城市和狭小的公寓里的人们来说,体育运动能抵御工业化进程所造成的萎蔫昏沉。《保持美的艺术》[10]——保持健康——需要锻炼,以及努力……20世纪初年,在女性有了质疑她们的外在形象的可能性之下,"痛并美丽着"的口号伴随着女性身体的某种解放。

一切对于身材的重视,都意味着福柯意义上的规训(discipline)。原因在于,它不仅出于时尚的快乐,而且是为了服从,或者至少是为了接近纤瘦的女人这一越来越专断蛮横的标准——这一标准在视觉文化里不断呈现。身材也因而逐渐数字化。

量化的美

在18世纪末19世纪初,对于人们身材上的某种缺陷(比如肩膀一边高一边低、短腿……),裁缝或缝纫工总能用某种方式加以掩饰或校正,尽量使之符合时尚的标准。然而,随着"平均身材"的到来,需要他们介入的活计越来越有限。美的全新标准,在使各种身形失去个性的同时,又影响着它们。人们谴责媒体或大规模的商业化在其中的责任。从版画的发行到世博会上的展示,美的标准一直是人们日常关注的、不可置疑的中心。1858年,泰奥菲尔·戈蒂耶(Théophile Gautier)见证了身形出现的变化之后,详细地介绍了关于理想化的美和真实的美之间的论争,亦即古典美和现代丑之争。现代的标准不再建立在身形的整齐、匀称、完美之上,而是建立在一些统计数据的演算之上,而这些数据又刻板地以真实的身体尺寸为基础。笼统说来,新型的操作表明了现代性的影响,尤其是都市文化的影响,而都市文化不仅放大身材的缺陷,还与古典和医学的标准发生冲突。具有讽刺意味的是，服装业界人士的专研和探索，开启的是日常服装根据身材型号进行的大规模、大批量生产，这种生产认为唯有三种身材型号——精确度几近于毫米——可以被接受。[11] 标准码数"催生出千篇一律的制服"，进而抹杀了个体。

在很长的一段时间里，有关尺码的观念改变了个人身体独一无二这一概念。随着统计学或数学带来的新认知，以及它们所展示出来的巨大成果，身材成为一个可以量化、可以计算的单位：某一统计总体稳定的统一值。在图示和尺码的多重算法之下，全新的身材逐渐形成。码数大小确定下来之后，在统一标准、创立分类并按照身材特征或缺陷划分的同时，也将体形分门别类。

变革之下的肤色

公共卫生和个人卫生领域的一系列变革，确实驱动了身体方面的诸多变化。水，最终为世人所接纳，从外到内触抚着身体。与此同时，人们对于化妆品的认知也在变化，已不再像18世纪时那样涂满厚厚的妆粉，而是越来越素淡。至于肤色，自从奥维德劝告女性保持苍白浅淡的脸色以引起怜惜和爱意以来，白皙的肤色一直是美德和富贵的符号，成为美的标准的一部分。凸显美白的化妆品——大部分都有害于健康——说明了天然美和人为的美之间的冲突。[12] 而海岸，在让富裕阶层远离种种影响欧洲的动乱和革命，远离城市工业化进程中纷至沓来的丑陋怪象以及恶化的生活环境的同时，也改变了美的游戏规则。要穿泳衣，就必须放弃美白的标准。接受晒黑的皮肤，接受后来的古铜色肌肤（身体需要暴露在阳光之下），是泳衣普及的关键之一。一部分人——在法国，更多是富裕阶层；而在德国，则更多是普通民众——甚至转向被视为某一疗法的裸晒。[13] 19世纪真是一个发展变革的世纪,有工业变革,有政治变革、社会变革,也有身体的变革,黝黑的肤色便是其中的一部分。

从淋浴器到化妆品

公共卫生的时代改变了肌肤、身体内在,以及关于化妆品毁誉参半的言论。首先,1860年以后,经济条件较好的家庭开始购入犹如"雨水"般浇洗身体的淋浴器。水经由一条管道浇洒到身上,被认为具有舒缓身心之效。某些喷头能喷洒出强劲的水流,另一些被称为"雨洒"的喷头则要柔和些。1889年巴黎世博会上展出了一套配有圆柱形水箱和一个烧柴锅炉的圆形淋浴设备。也可以在一个小浴缸的上方安装一个淋浴的莲蓬头,水箱里的水缓缓流出,浇洒在身上。

淋浴设备的使用意味着一套关于身体的"章程"和固定的时刻表——最先采用的是军队——淋浴时,每人手里有一块香皂,冲洗时间不能超过三分钟。这一清洗身体的方式也成功进入到一些集体场所,比方说监狱和学校。艺术家们的画作里纷纷出现一些令人耳目一新的美女,她们往往凝神默思,甚至伤感迷茫,但更富有肉感。19世纪的画家所表现的土耳其浴室场景,已不再引起人们的兴趣。[14]从现实主义过渡到象征主义,盥洗营造出一个私密、梦幻、沉思的时刻。这个认识、发现自身身体的时刻,散发出的是感官的快乐。20世纪初,澡堂和淋浴室的组合在寄宿学校已经十分普及。中产家庭的公寓里也同样配备浴缸和淋浴间,这表明水已经成为日常生活的朋友。卫生有益于健康的观点已然征服了人心。与此同时,身体结构或轮廓也在人们清洗身体时一一呈现,或者从某种意义上说,一并呈现。

个人清洁成为良好生活习惯的标志，仅仅是早晨简单地用水浇洒在脸上已不再满足这一需求。这也就是为什么当时出现了许许多多关于女性私处清洗的产品专利。"适用于各类网状窥镜的阴道冲洗装置""阴道清洁浴器""专用于女性坐浴和局部洗涤时私密处保持开启的宫颈器"，都属于个人卫生成套装备里的用具。[15]这些清洗操作，害处如今显而易见，然而在当时几乎无人怀疑。而把个人卫生延伸至身体最隐秘处的女人们，也可以更加关注她们的外表了。

商店里开始推出价格低廉的化妆品，这不仅能让人人都靓丽起来，而且也使得个人日常的梳妆打扮变得合情合理。化妆品，无论出现在普通店铺里，还是登上大商场的柜台，终于被认可；要知道化妆在古代和中世纪时往往遭人诟病。涂脂抹粉，可以改善脸色，呈现人们所追求的美白肤色。美妆的时代开启了。在19世纪中叶，已经同时存在多种形态的美，除了自然美之外，还有诸如心灵美、思维美和知识美在内的社会美，以及后来通过各种装扮（化妆品、服饰等）"精心"打造出来的美。[16]在追求这种有了现实性的装扮美的过程中，化妆品的普及和大众化，使得不同的社会阶层变得平等了：有了香水、脂粉、香膏和精油，每个女人都可以让自己的面目变得焕然一新。1850年，埃德蒙·康瑞（Edmond Coudray）的产品也因而在圣但尼市的蒸汽厂房里大规模生产——蒸汽，工业化时代的主角，同样促进了身体的变化。

裸体运动：为了"更美好的人性"

19世纪下半叶的"裸体运动"，使身体前所未有地完全裸露在外。当时在德国，"裸体主义"是无产阶级的一项苦修运动，这一群体运动的主力军主要由底层工人组成；在法国，这一运动的参与者则是一些医生、学者、法学家,以及对裸身感兴趣的上层人士。[17]这首先是一项医学、哲学或政治运动,旨在通过身体一丝不挂地沐浴在阳光之下,达到治疗的效果,因为阳光被认为对人的情绪或精神状态有所助益。

在人们越来越强调完美身材的同时,裸体运动重新探讨了廉耻、伤风败俗等概念。裸体主义者认为,服饰不仅没有提升真实的美,反而束身缚体,限制身体活动,造成健康上的烦扰。最初,裸体运动与羞耻心以及不健康的两性关系做斗争。这一时期也曾有过不少失误,譬如对于生理缺陷人士的排斥、优生泛论,以及早期对于体育运动的顾虑。然而,裸体主义的学说并不能简化为这类危险的现象和论调,更何况它们只是少数裸体主义信徒的言行。裸体主义实际上是对现代性的某些方面的尖锐批判。它谴责工业城市里糟糕的空气质量、日照的缺乏,以及造成身体不适的服饰;其中也包含某种对于大自然浪漫而感伤的想法。裸体运动理论化的同时,日光疗法、性学、社会学、女性主义,甚至是优生学也纷纷兴起。这一学说因而具有现代精神和科学理性的特征,力求科学战胜迷信行为。[18]身体成为核心,既受到善待,也饱受践踏。哈夫洛克·霭理士(Havelock Ellis,1859～1939),性心理学说的奠基人之一,从裸体主义运动中还看到男女服饰改革的某种延伸。对于很多人来说,裸体运动为一个平等的理想世界提供了革命性的剖面。[19]一个事实是,它改变了人们对于肤色的观念。

肤色差异

19世纪末期,有的女性在洗海水浴时,为了避免日晒和海水盐分的伤害,会在脸上蒙一块丝绸的纱巾。但这样做的毕竟只是少数,越来越多的人开始接受日晒。在接下来的几十年里,尤其是在

19世纪和20世纪之交，西方几百年来的肤色明暗准则和理念发生了天翻地覆的变化。美白化妆品广告逐渐被美黑产品（有时还有一定的防日光辐射的功效）的广告所取代。这是肤色具有真正意义的、革命性的变革。20世纪初的时候，人们不再想方设法去除脸上的雀斑。[20]

这样的改变出于何种缘由？为了凸显某种现象或事实的重要意义，人们往往虚构出一些传说，所以一般难以解释变化的起因。在把白净的肤色晒成古铜色或小麦色这一变革里，流传着两种说法：一说是，加布里埃·香奈儿（1883～1971）引领了这一时尚；第二种说法是1936年法国推出的带薪假期把这一肤色变成大众化的追求。关于第一种说法，克里斯汀·麦克劳德在探讨英国工业化进程中的风云人物时曾经做过出色的剖析[21]，它属于远离世人的天才发明家的传奇，故事总是要有它的主角和逸闻趣说。第二种说法，则是帕斯卡尔·欧利归纳出来的，不仅具有民粹主义的性质，而且旨在颂扬一个团结一致的左派政府，一个坚定果断的民族，以及工人阶级生活条件的改善。实际上，美黑的时尚潮流早在1936年以前就已出现。《时尚》杂志1919年、1920年和1921年的刊文尤其反映了这一潮流：除了述及阳伞的回归（证明人们曾对阳伞的弃用）之外，还提到一些女性不再热衷于"犹如百合般洁白和玫瑰般红润"的肌肤，这也促使她们转向"古铜色的肤色"。女性开始坦然地沐浴在阳光之下。[22]因此，晒黑皮肤的现象并不是西欧社会突然遭受一场可怕动乱之后的产物，而是一场悄无声息的革命的产物。至于这场革命的发展，从19世纪起就有迹可循了。

从那以后，在海边，将肌肤展露在阳光和他人目光之下似乎变得不仅适宜，而且也受到认同。深度清洁、涂抹化妆品，以及纤瘦的身体已经准备好登场亮相。对于女性而言，这其中至少包含着某种自由和胜利。而受到这般认可的身形，不仅将担负起控诉的使命，也将通过服饰进行抵抗，并发出女性，甚至是女性主义的无语的宣言。

泳衣总览：从时尚到运动

在1920年之前，毫无疑问，没有人会在城市里穿戴海边浴场的服饰。当时，对于女性身体某些部位的裸露，还是有许多抵制。洗海水浴时，身体的暴露似乎不可避免，但依然有禁忌，洗浴着装故而也有所限定。当时，海边的体育活动吸引了大批观众，有些女性对此也颇感兴趣。然而，时人还是希望海水浴"奇装异服"的风行——在海边越来越常见——不要延伸到女性日常的服饰之中。虽说游泳起初一直和保持优美的身形紧密联系，并且强调端庄得体，但还是有些了不起的女性游泳健将，开始向女人们传播这项运动。

海水里的身体

1840年左右，衬裤成为女性洗海水浴时的着装之一，它能避免衬裙被海浪卷起时的不雅。衬裤和短袖长上衣搭配，便形成了一整套海水浴服装。有些年轻女孩为了雅观得体，甚至还会在衬裤的外面加上一件小衬裙，以便遮掩臀部的线条。那一时期还出现了新颖的两性泳衣装束：连体背心紧身裤。然而，海滨浴场的那些身影还是令人不放心，只因体现在男女分浴之上的良好风尚，似乎渐渐地失去其影响力。与此同时，服饰制造商在生产上的喜好——从19世纪40年代起就已有目共睹——也进一步巩固了下来。对潮流始终保持警觉的他们，为海滨浴场的女性专门生产出许多廉价的服装配饰。至于当时的男性，则把游泳变成竞技运动。去海边，已然成为时尚。

海岸：现实和梦幻

浴车一如既往地出现在海滨，其他新奇的东西也与日俱增。排列成行的更衣棚（如今已无须证明它们的风行）纷纷出现在海滩，成为美国和法国明信片风景画中的一道景致。这些轻便的木棚，被成行地安放在诸如新泽西州的长滩、罗得岛州的纽波特海滩上，以便洗海水浴的游客们更换衣着，其中一半供女性使用，另一半则是男士更衣间。[23]

早在1870年以前，为了停放浴车，更衣棚就已经在地面高低不平的海岸投入使用。此外，为了杜绝在同一沙滩上更换衣服而出现公共场合下不庄重的行为，男女的入水时间有所分别。一面彩旗提醒洗海水浴的男男女女注意这一时间变更。1857年有一位记者指出，

维多利亚时代的浴车

存在着规避这一准则的可能性：为了和"异性共浴"，男人们只需套上一条浴袍就可以混入女士们之中。看来，海边男女分浴的规定存有漏洞。为了轻装简服地在男人堆里游水，最好还是等到中午时分"女士们已离开"[24]，红旗升起来之后。

法国的发明家则瞄准海岸开发，纷纷注册专利："海水浴和公园用的更衣棚、更衣间、中式木棚"，"可以作为移动浴室和移动书房用的木板屋"。[25]"海滩椅"，一种众所周知的长椅，早在1878年就已经存在。[26]所有这些设施都让人想到男女混浴变得越来越常见。这一趋势也是对于高昂的海水浴费用的一种回应：浴车和专业浴服的价钱并非人人都能负担得起。此外，19世纪末，水上活动逐渐发展起来，家庭成员有了共同的消遣：在水上划船游玩，一项喧闹的娱乐活动，老少皆欢。当然，某些海滨浴场比其他浴场有更多的规定，无论是在场地，还是时间表上，都继续执行严格的男女分浴管理。

这一时期的艺术家也注意到水边有了新的景致，以及大批涌来玩水泡浴的游客。时代的风气似乎勾画出了被释放的美。对于画家们来说，塞纳河畔成了观察全新的活动的绝佳场所。闲暇时的消遣值得一画。裸露的身体，还是遮身的衣着？画面里的身体语言变得复杂了起来。居斯塔夫·库尔贝的《浴中的女人》(Les Baigneuses)，身子部分裸露，有着梦幻的色彩；保罗·塞尚画笔下的众多男性浴者则裸露着上身。身体从宽大的泳裤（现实中罕见的半裸衣物）中显露出来——1920年以前，几乎没有男人如此穿着。异国风情由此呈现。在高更、雷诺阿以及塞尚的画作里，一些闯入画家脑海的人物，和许许多多他们观察到的、真实的、杜撰的或幻想的景致结合在一起。游水和洗浴便是这样把自由的准则、虚幻的想望和习俗的转变统一了起来。[27]

随着海水浴的日益普及,海滩成为一个聚会、社交的场合,对海滩着装的要求不断被强化。时刻关注新商机的服饰系统便伺机而动,一个新兴市场出现了。

风格各异的海滩着装

19世纪90年代,许多女性还一如既往地穿着浴服:由一件中间扎有腰带、加长成裙的长上衣和一条裤子组成。其实早在70年代,一些可供选择的服饰就已出现。具体说来,便是19世纪的最后二十五年里,美国报纸杂志上"泳衣"(bathing suit)这一术语逐渐取代了"浴服"(bathing dress)。

所谓的"公主装"推出了长衫与长裤的组合,长衫和长裤要么是作为两件套生产出来,要么是在腰身处缝合在一起。也可以在这个组合之外再加一条半身裙,从而显得稳重,或者凸显腰身,让身材更显苗条修长。套装的组合,已经是衣着的合理化,很快这一套装变得越来越方便实用,套在外面的半身裙在1890年以后被逐渐放弃。喜欢游泳运动的女性从中感受到一种前所未有的行动上的自由。不过,一些美观的细节,尽管对于游泳或海水浴疗没有用处,还是不断增加,譬如当时的水手领和有饰带的直领。

1881年,美国《时尚芭莎》杂志详细介绍了被引进美国的法国泳衣潮流。法国的泳衣已不再有长袖,这能让人们在游泳时行动自如,而美国的泳衣当时还保留着长长的袖子。1885年之后,无袖的泳衣,或者袖子被认为过短的泳衣又开始缝上一些简简单单的、

朝上紧紧卷起的直袖。这些袖子的出现，表明了在去除昔日宽松的灯笼袖之后，泳衣的化繁为简。此外，为了避免手臂受到日晒，还可以套上纱袖。[28]最后，明显简化了的泳衣在花边和饰物的点缀之下又变得贵气迷人。1893年，有关时尚的报纸杂志都提到，衣袖的长短事实上属于个人的选择。不过，一些画作和素描却显示，女人们从1875年起实际上就已经开始穿上短袖的泳衣。媒体报道在把握时尚潮流上，显然滞后了。[29]

与此同时，这一时期洗海水浴的女性，下身也可以穿一条土耳其式的灯笼长裤。最初的时候，这一裤子甚至长及脚踝，但后来缩短至膝盖。为了遮掩裸露的下肢，女人们还可以再套上长筒袜，尤其是在混浴或混泳的时候。

泳装配饰的出现

19世纪的最后十五年，无论是在法国、英国，还是在美国，泳鞋很快变得花样繁多。编织的、丝带的、系带的、有着高高的软木或橡胶鞋底防水料的……个性化成为时尚。更简单一些的泳鞋则一般由白色的布料缝制而成，穿着时由一些花边带或饰带在脚踝处系牢。

除了要穿泳鞋或浴鞋，在海滨浴场游水或泡浴的女人们，还要戴上帽子。油麻布或油绸布的泳帽可以保护头发。有些帽子的设计，边缘饰有鲸鱼骨，大小由松紧带调整。来自殖民地的橡胶产品制成的胶帽，也可以用来遮盖头发。最后，就差一件出水时遮身护体的外衣了。这一外衣相当宽大，往往饰有花边带、流苏和法兰绒的条纹；颜色则依然相对传统：海蓝和白色相间、栗色、橄榄绿和灰色，偶尔还有红色。此外，正如1890年的某位专栏作家写到的那样，人们开始凭喜好穿上黑色的衣服，而不再把黑色作为服丧或戴孝的标志。[30]

19世纪下半叶注册的专利同样显示了海水浴或泡浴专用产品越来越多样化："浴腰带""海水澡或河水澡浴鞋""水疗鞋""木鞋底的泳鞋""柔韧的针织泳衣""伞状的遮棚""精制的浴帽""海绵拖鞋"……它们都表明了时人对于水浴或游泳产品的新需求。[31]也许并非人人都拥有这些商品，但发明者对这类服装配饰的兴趣说明了涌向海边度假的游客与日俱增。

有闲阶级在消费上的铺张可以从泳装配饰的数量、颜色搭配，以及用料材质（安哥拉山羊毛、哔叽、羊驼呢）之上看出。与此同时，丝绸的配饰也出现在那些环境十分优美的海滨浴场，尽管这一布料不是很实用，但却显示了穿戴者的贵气。在整个19世纪里，泳衣一方面随着整体服饰潮流而发展，一方面也不断创造出时兴的款式。日益受到大众喜爱的海水浴，以及后来在女性群体里越来越受欢迎的游泳运动，最终产生的影响是：泳衣的布料用量减少了。

游泳运动的飞速发展

体育时代的到来常常被视为妇女解放的新篇章。可惜的是，关于体育运动对于泳衣的影响，则鲜有作品提及。此外，我们也不能断言：体育运动的规章制度、运动竞赛的举办，以及竞赛规则的设立，对于女性解放产生了积极的影响。当然，行动上有了更多的自由，但这一自由仍然被纳入社会的基本框架和道德规范的体系。因此，我们需要探讨的问题也属于某种政治意志，而我们在这方面做出的解答则随着体育运动人士的性别出现变化。

水上运动

19世纪下半叶和20世纪前二十年，海岸地带成为休闲娱乐之地，体育运动在此取得了重要发展，体育与身体的关系也在此获得新的定义。

游泳，自19世纪70年代起就被视为一项有益于健康的运动。人们鼓励女性进行练习，认为游泳可以让女性保持身体健康，让她们从久坐少动、静态的生活方式中走出来。而对于男性来说，它不只是康体、休闲的活动，还成为一种竞技运动。涌向海滨浴场的游客日渐增加，这不仅有助于游泳活动深入人心，也提升了这一运动的可观赏性。现代意义上的"观赏性"运动逐渐形成。1871年，某位记者写道："如果说对于上百万的人士——他们永远都不可能通过游泳而让人注意到他们发达的肌肉、敏捷的身体，亦不能受益于该项运动——游泳俱乐部和游泳比赛可以为他们营造出一种更强、更积极有益的竞赛精神，那么这并不是低估人们对于赛艇运动或划船比赛的迷恋。"[32]

自1890年起，有关体育运动的报道频频出现于报刊。六年后，随着现代奥林匹克运动会首次在雅典举办，体育赛事更加深入人心。游泳也被列为奥运会的竞赛项目。体育设施和运动竞技方面的创新，譬如室内游泳池和自由泳的引入，都促进了游泳运动的推广。运动赛事的播报则让游泳也成为一项女性可以参与并受到社会认可的活动。1888年，戈切尔学院（Goucher College），一所位于美国马里兰州的著名女子院校，建造了自己的校内游泳池。报刊媒体不再质疑女子是否应该练习游泳。1912年，女子100米自由泳成为在斯德哥尔摩举办的第5届奥林匹克运动会的竞赛项目之一。[33]

运动有助于解放女性的身体，这么说并不完全正确。确切说来，应该是女性赢得了原本属于男性的运动。[34]而社会习俗的改变，则有赖于媒体的一些有影响力的报道。

一些了不起的女子游泳健将

一直要等到1920年，社会对女性游泳的立场才发生转变，允许她们像男人一样参加水上运动。而这尤其要归功于几位杰出的女性，她们做出了表率。

1909年，二十岁的游泳教练艾德琳·特拉普（Adeline Trappe，1888～1977）成为纽约的一名救生雇员。[35] 她的泳衣是一位女友为她量身定制的：一套针织的连衣裤装。这一衣着当时在英国是相当传统的，然而在美国却让布鲁克林的学校理事会大为震惊。他们认为此种着装对于一位儿童教育者而言有失体面。最终的解决方案是，她从水里出来时需要有人陪同，并且要立即用一条大毛巾裹住身体。报纸报道了这一事件始末，女性游泳运动爱好者崭新的形象得以广为传播。

更著名的例子，则是歌舞剧和电影明星安妮特·凯勒曼（Annette Kellermann，1886～1975）。她的成名主要归功于花样跳水，这一运动展示了她身着泳衣的体形。不过她首先是一位游泳冠军，从十七岁起就接连取得优异的成绩。她曾游泳横穿巴黎，并且取得了第四名的成绩，领先于众多男性游泳健将。在前往美国定居之前，她曾经在英国居住。她被称为现代的水中女神纳伊阿德斯（Naïade），在参加水上项目比赛时总是身穿一件从脖子裹到脚的针织紧身泳衣。为了完美呈现跳水动作，她最终穿上了一件露出上臂和腿部、紧贴肌肤的连体泳衣。自然，人们对这一装束的反应并非全是积极正面的。事实上，1907年她在波士顿甚至因"风化罪"遭到逮捕。这是一次具有历史影响的事件，针对此案的判决结果后来成为具有权威性的判决先例：法官做出的裁决支持有关运动的论断。此项裁决经媒体报道后，不仅让一件式连体泳衣深入人心，也让游泳运动博得了女性的喜爱。[36]

反抗的服饰？

对于学者而言，服饰本身就包含着日常的要素，因而成为一个特别的研究题材。诚如《裤子的政治史》(Une histoire politique du pantalon)一书的主要作者、女作家克里斯蒂娜·巴尔德(Christine Bard)所言：服饰是统治地位、是害怕两性混淆、是女性诉求的符号。因而，服饰本身就是无言的讲述，而非只是缝纫和裁剪。公共场合之下，泳衣在展露肌肤、身体的某些部位和身体的活动时，会刺激人们的感官。它使女性在私人或公共领域的形象受到质疑。从最初的受到排斥，到后来作为运动和沙滩服饰逐渐得到认可，泳衣的发展历经了几乎遮掩全身的连体服、一件式齐大腿的无袖泳衣，到晚近的比基尼，可谓将礼数与教化不断推诸身后。泳衣泄露寸片肌肤，逐渐成为风尚。这一海滨浴场的衣着看似微不足道，实际却重新定义了男女平等的边界。男性的自由即将成为女性的自由。这一迈向身体上的性别平等的步伐，其实现是以长期的抗争为代价的。虽说在女性主义者看来，第一批大胆穿上长裤的女人并不是她们关注的符号之一，不过长裤和泳衣一样，在服饰改革的专题论著中有着重要地位，虽说这中间还经历了"灯笼裤"的插曲……

灯笼裤：调性不符的革新

1851年的春天，美国三位著名的女权运动活跃人士伊丽莎白·凯迪·斯坦顿(Elisabeth Cady Stanton, 1815~1902)、伊丽莎白·史密斯·米勒(Elisabeth Smith Miller, 1822~1911)以及《百合花：一本专论戒酒和文学的女性杂志》(Lily, a Ladies' Journal Devoted to Temperance and Literature)的主编艾米莉亚·詹

克斯·布卢默（Amelia Jenks Bloomer，1818～1894），都穿上了及膝的裙子搭配长裤，裙子里面也没有了往昔的紧身胸衣。对于服装上的这一革新，艾米莉亚·布卢默专门撰文加以论述，美国的报纸杂志也很快把服饰改革和她联系在一起。新出现的裤装因而被称为"布卢默"，身穿此类服装的女性也被冠以"裤装女"的谐称。布卢默长裤在脚踝处打褶收紧，这一创意来自中东地区的着装，因而也被称为"土耳其灯笼裤"[37]。艾米莉亚·布卢默把灯笼裤的发明归功于伊丽莎白·史密斯·米勒，米勒应该是对一些类似的装束有所了解，乌托邦公社或疗养院里的女人们就身穿此类长裤。在海滨浴疗所或在学校的体育课上，灯笼裤不会破坏社会秩序；但是当女人们穿着它上街，就属于奇装异服了。比起服饰本身，很多时候是着装场合决定了人们对它的排斥或接受。对于两性模糊的恐惧一如既往地存在着。[38]

后来，女权运动的活跃人士最终放弃了灯笼裤装，回归展示女性身材的克里诺林裙（crinoline）：里面的裙撑取代了往日笨重、臃肿的层层衬裙。如果说她们支持服饰的革新，那么新闻媒介对灯笼裤的关注显然造成了相反的效果；此类报道掩盖了她们就女性拥有教育、就业和投票权的重要性进行的深入探讨，以及她们反对男性酗酒的运动（艾米莉亚·布卢默的杂志所主张的著名的戒酒运动）。和泳衣一样，灯笼裤因而只能在海边穿用——海边的着装礼仪和街头巷尾的还是有所不同。[39]

泳衣：一场静悄悄的革命

生活富足的中产阶级妇女在城里擅自采纳"不合时宜"的着装，继裤装之后，泳衣成为她们开拓的又一领域。海滨浴场不仅仅是时尚的前沿阵地，也是个体自由、身体自主和女性主义的前沿阵地。在长达多个世纪的时间里，女人的身体在人们的视线之内几乎都是不可见的。曾经被藏匿或掩盖、悄无声息的身体，开始以它真实的样子出现。在沙滩、游戏和镜子的背后，是无形的社会习俗、道德标准的分崩离析。无须罢工，无须示威游行，度假的人群就已展开一场静悄悄的革命：革命的呐喊就在欢声笑语和碧波拍浪声中。当然，海滩上男女更衣棚的门依然在砰砰作响，但习俗的大变革已经阔步向前。

19世纪末一位维也纳女士的旅行衣箱，同样证明了有关身体的旧式风格和全新理念可以并存。[40] 在这只旅行箱里，与舞会晚礼服以及在花园里接待朋友喝茶时穿的长裙放在一起的，是一件泳衣或水疗服。可见，旧传统还是接受了此类专门在某个特定场合穿用的衣物。而主张水疗法或鼓励海滨疗养度假的医嘱，也对浴衣的普及起到了促进作用。虽说这类医嘱的出发点是卫生保健，但也力求让病人们更自由地活动身体，进而达到提振精神或情绪的目的。男性的浴服率先发生变化，他们在水中也因而更舒适自在；女性的海滩装束则在1900年左右出现较大变化。1901年8月14日，一位时尚专栏作者在英国《插画》(*The Sketch*) 周刊中写道：

> 我注意到海边穿戴的衣帽的工艺越来越发达……无边的软浴帽和有边的遮阳帽都令人大为惊叹，有着悦目色彩的克里奥尔头纱与往年比较，今年的做工愈加讲究。带褶边的丝质软帽，有点类似布列塔尼的风格，十分地优雅、迷人，而且在鲸鱼骨箍圈的固定下，即使完全没入英吉利海峡的海浪中，也不会歪斜。那些精美的草帽，十分宽大，还可以从两边用饰带系牢，它们深受习惯于把整个身子（头部除外）都泡在水里的游客的喜欢。有些女人甚至会在她们布列塔尼风格的浴帽边缘下

方别上一些环形假发，这些假发会自然卷曲，让她们的面貌看上去依然别致生动，即便是在入水之后。[41]

在水里竞艳斗美的女人们，头上依然戴着浴帽或头纱，然而习俗已经有了很大的变化。第一次世界大战期间，习俗的转变进一步深化，这往往让人忽略了19世纪漫长的斗争。

实际上，变化和发展是全面的：体育运动，已经露出脚踝的裙子，伴随着有轨电车和自行车的飞速发展而出现的交通工具大变革，都对性别平等起到了促进作用。大街小巷无疑是身体发出颠覆性信息的地方，那里存在着某种无言的抵抗。无论抵抗是有意识的还是无意识的，它都秉持着女性独立的理念，并对两性之间的界限提出质疑。比起旧时细薄柔软的平纹织物或锦缎服饰，时新的衣物价格不再高昂，这也有助于战胜社会阶层的阻隔。纷至沓来的服饰时尚便是领先于或者伴随着社会变革进程的一个例证。

19世纪60年代的工人运动，女性在其中几乎没有一席之地。皮埃尔-约瑟夫·蒲鲁东（Pierre-Joseph Proudhon）[1]不仅主张抵制女权运动，并且反对女人们外出工作，认为家庭才是她们真正的属地。蒲鲁东大肆散播他的理论，尤其强调"女人没有能力提出创见"的现象是源于她们天生的低能。"相夫教子的良家妇女，或者交际花"，便是两个赋予她们身份地位的独特角色。两性平等在马克思主义中虽然并非一个要点，然而恩格斯批判婚姻和家庭的著作却启发了社会主义的女权运动。和女性息息相关的宗教运动、社会运动、废奴运动和解放运动开始出现。在英国和法国，这些运动一

---

1 法国19世纪著名的政论家、经济学家，被称为无政府主义之父。

贯反对性别决定论，皆因此类论调阻碍了社会各阶层所寄予希望的平等公正。[42] 女权运动成为一项全球性的运动。诚然，这一运动在世界各地的情形不尽相同，然而它还是在欧洲，在拉丁美洲，在美国以及中东和亚洲，缓慢地发展了起来。总的来说，公共场合下对女性行为的限制，礼俗、宗教或道德层面上遮裹女性身体的头巾或罩袍，都成了社会运动和政治运动的触发点。无论是广泛出现在媒体上的异议，还是示威游行和集会讲座等，都是形式各异的抗议活动。有时候一件衣服比一番言论更有价值，因为它在女性和道德习俗的关系中发挥着至关重要的作用。泳衣的普及既是平等的一项指标，也是对政治话题的一种缓慢的整合。

第三部

泳衣,不可或缺的服饰

第七章　两次世界大战期间的泳衣

泳衣制造业：美国的胜利

第一次世界大战之后，美国的泳衣制造商大多集中在西海岸，他们在大众市场兴起的过程中扮演着重要角色。诚然，巴黎的服装设计师，譬如索尼娅·德劳内（Sonia Delaunay）、让·巴杜（Jean Patou）、让娜·朗万（Jeanne Lanvin）、艾尔莎·夏帕瑞丽（Elsa Chiaparelli）为泳衣的设计注入了高雅迷人的格调，然而正是美国的纺织工厂为上百万的海滨游客提供了价格实惠的洗浴服饰。随着游泳日渐深入人心以及针织泳衣的出现，这一时期的人们见证了成衣制造业的快速发展。

一个新兴的大众市场

当时的纺织厂除了生产传统的套衫和内衣裤之外，还开始生产某些款式的泳衣。20世纪10年代末，第一批詹森（Jantzen）泳衣进入市场，它们由一块混入了橡胶丝的双面螺纹针织面料加工而成，橡胶丝能让泳衣具有贴身、舒适的优点。20世纪20年代的泳衣广告常会请一些奥运会游泳冠军做代言人，比如约翰尼·维

斯穆勒（Johnny Weissmuller）。在他们的演绎下，游泳和詹森泳衣都深入人心。1921年，詹森公司第一次在全美范围内发起了泳衣广告活动，在此之前它的主要产品是为中国劳工生产的套头衫、羊毛袜和短外套。趁着人们对于游泳的兴趣日益增强，詹森选择把地方性和全国性的广告投放在泳衣产品，而不是浴袍之上。这家公司比其他企业更早明白，游泳并非是一时的运动风尚。1930年，詹森成为全球最受欢迎的泳衣生产商；美国娱乐协会（National Recreation Association）有关业余时间安排的一项调查研究，也证明了该公司敏锐的市场洞察力：在大众喜欢的九十四项娱乐活动中，游泳在当时是第二受欢迎的活动。[1]巨大的市场潜力也吸引了其他企业加入这一行业，譬如卡塔利娜（Catalina）、弗雷德·科尔（Fred Cole）以及生产男士内衣裤的BVD。行业竞争在所难免。

关于女性的身材，在20世纪20年代流行的还是纤瘦细长，但在接下来的十年追求的则是稍微圆润丰满一些。海滨浴场里，女性展露在大庭广众之下的身体弧线必须是完美的；为了重塑女性身形，泳衣制造业投入到了身体研究和纺织技术研究之中。泳衣的别针、缝线和橡胶丝都有了改进设计，以期达到凸显腰身和提升胸部的效果。当时尽管已经生产出了含橡胶丝的连体泳装，然而生产技术尚未成熟，泳衣还是会有被海浪撕破的风险。此外，泳帽和泳鞋里也开始加入橡胶丝材料。

在纺织材料方面，弹力纱无疑是极具革命意义的创新。它以橡胶丝为主，辅以毛线、人造丝、蚕丝或棉线。具有弹性的弹力纱，给泳衣和内衣产业带来了深刻的变革。亚当森（Adamson）兄弟，美国橡胶公司旗下一家制造商的管理人，1931年引入了弹力纱这一产品，它既能凸显腰部、臀部和胸部的线条，又不会让身材显得臃肿。[2]到了20世纪30年代，泳衣制造商在为他们的产品做广告时，开始把目光转向好莱坞。詹森、卡塔利娜、科尔和BVD等品牌都在广告宣传里起用了广受欢迎的好莱坞明星。企业、服装设计师联同电影制作公司，为系列生产的成衣时装打造出了一种好莱坞的光环。海滨浴场的时尚与好莱坞的明星们息息相关。1936年，当多萝西·拉莫尔（Dorothy Lamour）出现在电影《丛林公主》里时，她那件类似马来西亚纱笼裙的露肩紧身裙启发了泳衣生产商，他们立即把这种缠腰式长裙加入到他们的产品线里。热带印花布泳衣时尚开启了。[3]詹森便是走在这一时尚前端的泳衣生产商。

詹森：泳衣业的"福特"

20世纪30年代后期，卡尔·詹森（Carl Jantzen）成为一位引人注目的泳衣制造商。通过降低售价的方式，他不仅成功地推广了海滨衣着时尚，还引导了审美和礼仪的标准。

美国俄勒冈州的一名赛艇运动爱好者，和詹森是同一个俱乐部的成员，向他提议设计"一套类似毛衣袖口收边的棱纹针织划船泳装"。詹森和他的合作伙伴最终敲定的产品立马获得赛艇俱乐部成员的好评。每当运动人士提出新的要求，詹森公司便马上接受革新泳装的挑战。他们发明了"伸缩性起针法"机器，此类生产泳衣的机器很快成为"詹森帝国"的基石，并在此后的十五年里都扮演着这一重要角色。"伸缩性起针法"机器针织需要两针，而不是一针，每一针的编织都垂直于另一针。对于生产贴身的衣物，这是一种完美的技术,由该技术生产出来的衣物的弹性比起弹力纱还要强两倍。詹森泳衣广告的第一条宣传标语是:"把海水浴变成了游泳的泳衣"。詹森的连体泳衣,类似上衣和裤子连在一起的无袖开领紧身衣,既适用于男性,也适用于女性。在模仿加利福尼亚吊带裤("假两件")的基础上,詹森泳衣的胸部、臀部和大腿部都饰有大胆的条纹。[4]1921年至1925年间,尽管这一吊带裤风格的泳衣促使市政当局对游泳服饰采取了限制措施,但詹森的款式还是被接受了,尤其是当泳衣和齐膝的长筒泳袜、流苏的针织泳帽搭配在一起的时候。从一开始,詹森的泳衣就有着强烈的运动色彩。

1917年至1930年间,詹森公司的销售增长率十分惊人:1917年,它的泳衣销售量大约为600件;到1930年,它成了销量排名世界第一的泳衣生产商,它在波特兰的工厂就售出了1587388件泳衣,总销售额达到了创纪录的4753203美元。[5]

詹森的成功,在很大程度上归结于大胆使用创新的广告。它的泳衣有着很高的识别度,而且同一件詹森泳衣,一家人都可以穿。这确实是一场营销的革命。在泳衣广告还是一片处女地时,詹森就已经完美地组织起它的营销攻势了,它要让美国人相信,游泳是一项重要的娱乐活动。詹森在沿海地区组织竞赛,颁发游泳竞赛证书,和大商场合作,发布报纸杂志、海报广告,支持水上运动俱乐部,监督泳池的建造,从而促进大众对游泳的爱好。对顾客心理层面具有决定性意义的营销策略则是:人们购买泳衣时,无须提供个人的体重,只需给出尺码(小码、中码、大码……),而这自然是归功于众所周知的"伸缩性起针法"。此外,詹森邀请了杜克·卡哈纳莫库(Duke Karanamoku,1890～1968)和诺曼·罗斯(Norman Ross,1896～1953)等游泳冠军作为其泳衣的代言人,为品牌营销锦上添花。另外,詹森还开创了一个效果极佳的品牌符号——詹森女孩。这个穿着红色泳衣、红色及膝长袜，头戴红色泳帽的女孩，美少女般的偶像人物，象征着"美国准则"：年轻、优雅、性感，以及竞技上的造诣。1928年，在美国最知名图标的评选中，詹森的图标名列第七。优美的跳水女孩变成了汽车挡风玻璃上的贴纸等小文创，甚至还屈尊出现在杯子上。在某些州，人们甚至发现，印着红色詹森女孩的贴纸会让驾驶者分心，因而被禁止贴在挡风玻璃上，对于那些多次违反这一禁令的人士，则处以罚款。[6]

然而，没有什么能阻挡詹森泳衣销量的增长。1920年至1947年间，该企业逐渐脱离纽约的广告社，创建了自己的广告部门。识别度很高的詹森样式纷纷出现在各大报纸杂志上：《星期六晚邮报》(*The Saturday Evening Post*)、《大都会》(*Cosmopolitan*)、《纽约客》(*The New Yorker*)、《时尚》(*Vogue*)、《名利场》(*Vanity Faire*)、《时尚芭莎》(*Harper's Bazaar*)……在这些大众媒体的封面首页上，詹森的泳衣不断征服着世界。

新产品的普及

泳衣深受社会各阶层的喜爱，有三个主要原因。首先是对于阳光的感受改变了：人们对于阳光的戒备心降低，甚至乐意晒太阳。其次，为了让消费者心甘情愿地追随某一声称反映了技术进步的产品潮流，生产商们竞相发明创造。另外，为了宣传各自的产品，各品牌都以詹森为例，早早就利用起了报纸杂志、电视、广告海报和业已问世的好莱坞。

越来越裸露的身体

20世纪30年代，泳衣不再长达膝盖之下，而且无论是男装还是女装，遮身的部分也越来越少。这一结果不仅来自对于海水的接受、运动和休闲娱乐的迅速发展，也来自对于日晒的态度的改变和习俗礼仪的演变。女性也可以参加体育活动，禁止日光浴的条条框框也就逐渐淡化了。而为了充分晒黑肌肤，就必须尽可能少地遮身覆体。

礼仪准则规定，男人的服饰必须遮盖胸部直至腋下。随着日光浴越来越深入人心，泳衣生产商便力图通过在衣服的两侧和后背开缝，规避此类准则，从而让身体更多地暴露在阳光之下。男性游泳爱好者也很快意识到，一套轻巧少料的泳装能提高他们的表现，所以在泳衣布料的减少方面，他们也起到了一定的作用。澳大利亚速比涛（Speedo）制造商引入市场的全露背丝织连体泳衣因而受到追捧。与此同时，大众对男性露胸的观念也逐渐发生变化。美国的企业家便发明了"两用"连体泳衣，在允许露胸游泳的地方，人们可以通过拉链解下此类连体泳衣的上半身部分。没有上半身的男性泳装（泳裤）的销售非常喜人，以至于到了30年代末期，它们完全取代了连体泳衣。而在1940年左右，有着奔放的花卉图案且更为宽松的平角短裤，在夏威夷风情和冲浪运动的推动之下，成为一时风尚。[7]

新趋势与新技术

泳衣产业的发展伴随着大众消费时代的到来。工业化的弊害——就业人口过剩、恶劣的工作条件、卫生的风险、城市里的腐臭——在20世纪下半叶引发了许许多多的大规模罢工。两次世界大战期间，企业的发展思维是说服平民阶层加入到一个消费的、富足的世界里，而娱乐和购买是统治这个世界的主人。广告公司和公关部门在这方面的运作可谓不遗余力。对于第一次世界大战的痛苦回忆，使得广大的民众期望能生活在一个更为轻松的世界里。系列生产的时髦产品，便是这样一个世界的组成部分。[8]

20世纪30年代初，各种媒体不仅宣扬频繁迭代的新产品，也为企业的发展摇旗呐喊。它们鼓励消费者购买崭新的泳衣，而不是使用上一年的款式。各个泳衣品牌都通过推出新的色系、图案或款型等，扩大产品系列。此外，泳衣厂商也在它们的织物上加入压花、线圈和花边等工艺效果。泳衣多样化的款式一步步走入人们的日常生活。

不过，针织泳衣在时尚方面还是有它的局限性，因而泳衣制造商开始转向可以达到更多装饰效果的梭织工艺。一场创新的竞赛开始了。30年代期间，棉纱和刚出现不久的合成纤维，比如塞拉尼斯（Celanese）的醋酸纤维和杜邦（DuPont）的人造丝，就被用来生产一些轻巧的小短裙。某些女性，出于羞涩或为了在水里不受凉而想要多穿一些时，就会穿上此类短裙。人们衣橱里的沙滩服饰也因而变得越来越可观。

同一时期，两件套的泳衣在法国成为时尚，随后在其他地方也慢慢地流行开来。这种露腰、露背的泳衣被市场所接受是需要时间的：当时几乎没有女性愿意穿上如此"伤风败俗"的服饰，尤其是在美国。30年代末期，在西欧，相较于两件套泳衣，一件式泳衣呈现出新的发展趋势。一件式泳衣在游泳的

过程中可以紧紧地裹住身体或贴在身上。一方面，某一灵巧的缝合让胸围线凸显褶皱聚拢的效果；另一方面，弹性纱和铁线圈则分别起到包裹臀部和提胸的效果。这样的泳衣不仅能重新塑造体形，而且在没有吊带的情形下穿在身上也不会移动变形。

生产商们很快便意识到，舒适、便于运动的服饰具有巨大的市场潜力。在十年的时间里，泳衣这一大众产品在无数的工厂车间里被源源不断地生产出来。

泳衣的普及

当时，无论是办公室里的女秘书，还是家庭主妇，各行各业的女性都开始接触游泳运动。此外，诸如女子游泳协会（WSW）之类的组织也在推广游泳。女子游泳协会专注于培养办公室女性、女新闻工作者、家庭主妇的游泳技能，她们往往受到女子游泳比赛冠军或者电影明星的影响——自1914年起泳装生产商就开始利用知名女性来宣传它们的产品。在一些广告和电影里，玛丽莲·梦露、洛丽塔·杨（Loretta Young），以及埃丝特·威廉斯（Esther Williams）——后者既是电影明星，也是游泳冠军——就纷纷以泳装示人。

在当时的女性游泳冠军中，格特鲁德·埃德尔（Gertrude Ederle，1905～2003）无疑是最著名的。1926年，她成为第一位游泳横穿英吉利海峡的女性，并且以近一个小时的差距打破了男子穿越同一海峡的纪录。由于她的德国出身，又或许是由于她的女性身份，格特鲁德·埃德尔饱受非议，有些人认为她的成功缘于她得到了帮助。当时的报刊都在头版头条报道了这一在欧洲引起轩然大波的事件。她回到美国之后，在纽约的大街小巷，人们载歌载舞庆祝她的胜利，她也成为全国性的知名人物。[9]在她之后，许多年轻的女性游泳健将受到公众关注，尤其是约瑟芬·麦金（Josephine Mckin，1910～1992）和埃莉诺·霍尔姆（Eleanot Holm，1913～2004），两人都受到广告商的青睐，成为标榜"游泳塑造美丽身材"的模特，在广告中展示着最新款或奢华版的泳衣。1916年以后，男人们纷纷涌向麦迪逊广场观看"前所未见"的女性时尚。审查官们激烈抨击那一时期的舞女和滑稽剧女王，譬如拉·古留（La Coulue，1866～1929），谴责她们袒胸露腿的轻浮演出，声称这会让人想起巴黎皮加勒街区或红磨坊的"女郎"。然而，他们对着装裸露的女运动员，却毫无指责。在运动这一完美的保护伞之下，某种形式的裸露受到认可。泳衣成了社会现象的符号和标志：据体育新闻记者保罗·加里克（Paul Gallico）报道，佛罗里达房地产的繁荣在一定程度上要归功于广告里出现的女性游泳健将的照片。甚至在1917年的潜艇军事行动的宣告中，也起用了女性游泳者的形象："身穿最时新的蓝白泳衣的尤物出现在海滩上时，各潜艇保持注意！"展示女性游泳运动员，是在主张某种形式的爱国主义：经过运动塑造出的完美体形和女性美，显示了国家的强盛。

泳衣生产商弗雷德·科尔（1901～1964），为了振兴专门从事内衣生产的家族企业，决定打出"魅力"这张牌。据其亲口所述，管理公司并非其兴趣所在，他起初更想尝试的是成为演员，他对身材凹凸有致的女人情有独钟，譬如无声电影里的女演员。因此，当他最终接管位于洛杉矶下属弗农市（Vernon）的家族企业时，他所打造的泳衣，无疑是把身体变成了梦幻剧，可见他是始终心系好莱坞的。他把他的第一款泳衣命名为"禁忌的泳装"，上衣的领口开得非常大，腰身很低，下身短裤外加了一件迷你裙，这是一套令人茫然失措的泳装。后来，他还为好莱坞设计了一些泳衣，让当时的美国女人都憧憬着变得像埃斯特·威廉斯在她30年代的电影里那般魅力四射。女性展示身材的时代来临了。

另一位生产商很好地把握住了这一时势。除了售卖泳衣,卡塔利娜还售卖梦幻般的身材。该品牌的定位介于詹森的运动风格和科尔的舞台效果之间:前卫的形象,简短的露背泳衣。卡塔利娜抓住了1921年美国小姐大赛举办的时机。当时,康莱德·艾克霍莱姆(Conrad Eckholm),大西洋城蒙蒂塞洛酒店的所有人,想在大赛中突出女性的身材,但同时又要超越对这一身材的传统审视。因此,大赛的主要环节将是泳装展示。后来,大西洋城企业家联盟开始赞助这一每年9月举行的赛事——它可以在美国劳动节(9月的第一个星期一)前的周末吸引游客前来。尽管举办者鼓励传统服饰,然而对那些穿着紧身泳衣展示身材的选手,却没有任何反对意见。成功立竿见影,卡塔利娜的泳衣被采纳为"美国小姐"的官方服饰。由于一件式泳衣完全露出双腿,人们的目光也因而被吸引到双腿以上。[10]这样的身体展示并没有引致"有伤风化"的社会舆论,那是因为这一大赛被植入了强烈的爱国价值观。女人的身材在当时成了美国实力的一面旗帜。

选美舞台上的泳衣表明了某种变化:在此之前只有在海滨浴场才受到认可的泳衣,赢得了光环。20世纪30年代改变了泳衣的基本用途。

海边:变化的环境

渐渐地,泳衣被纳入衣橱,对于泳衣的接受又影响到人们的行为和社会风气。身穿泳衣成为惬意的时刻、欢乐的时光。人们的行为举止开始出现变化,尤其是在夏天。在美国,当时尚美女穿着泳衣在舞台上进行令人头晕目眩的表演时,狂热之举也开始在海滩上演。其实，在美国南部的加利福尼亚，自1920年起，人们就已经开始举办一些令人疯狂的活动，譬如穿着饰有金丝或银丝的泳衣的模特们在一些晚会上走秀表演，她们还会在沙滩上摆出各种造型为观众拍照互动环节助兴。欧洲同样受到了这股泳衣热潮的感染。以往唯有到了冬天才充满活力的蔚蓝海岸，在20世纪20年代成为欢迎某一类全新的游客和风尚的里维埃拉。

风俗改变之后

泳衣的飞速发展，标志着海滨休闲时光中身体活动的新变化，而背景则是人们的思维和习惯的改变。人们在筹划假期时，有心远离城市化的发展，去接近大自然，享受闲暇的时光。

玩乐、休憩、运动、自由自在、享受假期……这些五光十色的词语，修饰着工作之外的美好时光。海水浴、潮汐、美食，组成了海边度假时日的节奏。然而，这还没有把体育比赛和水上竞赛，以及晚上在赌场和俱乐部里的消遣娱乐包括在内。这些活动一方面有助于人们放松休息，另一方面又能让他们炫富。每一种沙滩活动都对应着不同的时间段。第一次世界大战后，新兴的休闲阶层占领了海滨浴场，但他们并不和当地的民众融合在一起，而是建立起一片封闭的乐土。

热闹是上流社会的。名流们相聚在戛纳、尼斯、昂提布（Antibes）[1]、耶尔(Hyères)，以便有关他们的报道最终出现在夏季的报纸杂志中。这让人想起17世纪的壮游（le Grand Tour）[2]——在欧洲的风景名城游历的贵族们相互交际往来。自19世纪末以来，收入

---

1 位于戛纳和尼斯之间的城市。
2 文艺复兴后欧洲贵族子弟在欧洲大陆的传统旅行，后来尤其盛行于英国。

的上升使得中产阶级可以模仿富裕的上层社会。当时出版的许多旅游指南又为他们提供铁路、公路等方面的交通信息——旅途就在眼前，海水浴释放身心。在海滨度假胜地打网球甚至被视为"假期的一项作业"[11]。

两次世界大战期间，上层人士的旅行扩展成为大众旅行。广告海报、旅行图片和指南都促进了模仿的文化效应。托斯丹·范伯伦（Thorstein Veblen）1899年在《有闲阶级论》（*La théorie de la classe de loisir*）里，对这一文化效应就进行过精彩的描述。1936年，带薪假期在法国的推广同样促进了中产阶级的度假出行。而实际上，闲暇娱乐同样解放了身体：正是缘于大众化、普及化的休闲旅游，人们的身体才得以获得新生。诚然，时人目睹了一个休闲娱乐的社会的到来，但他们同时也身处一个重要的时期，即从身体消费的层面对文明进行定义的时期。从此以后，身体不再是无形的，而是可以暴露在目光之下，甚至半遮半掩也得到了认可。20世纪上半叶极大地改变了人们的生存方式和享乐的方式。形象成为当代生活时尚的重中之重。

言行的松懈？

与第一次世界大战前束缚言行的社会习俗相比，穿着泳衣的身体似乎得到了解放。伴随着某种"享乐精神"出现的全新的"公共水准"——历史学家克里斯托弗·格朗热（Christophe Granger）的用语——改变了人们的行为举止。露骨的眼神变得含蓄，曾经让人害怕的本能冲动也有所减退。20世纪30年代，不少"海滨浴场的风尚"大概会引起一些人的反感而受到抨击，甚至会被视为某种形式的"文明的倒退"[12]。社会对于假期的定义，改变了游戏规则。泳衣加身能创造出某种空间：一方面，在海滨浴场，沙滩专用的大浴巾和折叠躺椅就挨着其他游客摆放；另一方面，彼此之间以"你"相称在这一受之无愧的假期里成为一种必然。总之，言行都得到了解放。在此之前，人与人的距离从未如此接近。

把休假的游客引向海边的言论或托词，无不关乎健康和回归自然。从那以后，人们遵循的是另一套规范。女性杂志着重指出，过于拘谨是在强调对于自身不完美的一种担忧。尽管长时间以来，由于身体的裸露而造成的情欲冲动，总是会被谴责，但如今的人们颇为自持，懂得控制情欲和收敛眼光，从而避免不合时宜的性兴奋。公共场合之下的宽衣解带不仅仅是自我解放的同义词，也是端正得体的同义词。那是文明发展进程中的一个崭新的阶段，即现代道德规范的新阶段，也是人类学家马塞尔·莫斯（Marcel Mauss）所说的全新的"身体技术"。抗议或反对身体暴露在公众空间的人群，大多数都是小资产阶级中的保守人士——军人、记者、律师、医生等。[13] 不过，此类异议都无济于事，新的身体准则取得了胜利。

泳装丽人比比皆是

两次世界大战期间，水里焕然一新的女神们令人着迷。无声电影导演马克·森内特（Mack Sennett，1880～1960）从1914年起，便开始把一批着装惊人且暴露的泳装女子搬上银幕。这些被他称为泳装丽人的美女形象深入人心，一些海滨浴场因而产生举办女性泳装表演和泳装选美大赛的想法。正如后来的美国小姐大赛一样，年轻女孩们穿着泳衣和高跟鞋表演，以此促进旅游业的发展。这类演出大获好评，甚至电视节目也吸收了此类创意。如此一来，在大众的想象中，泳衣和佳丽、成功，以及财富联系在了一起。[14]

20世纪30年代，好莱坞明艳动人的泳装美女成为真正的偶像。幻想成为电影明星的女演员们纷纷在摄影师面前模仿着她们的泳装造型。在日常生活里，女人们也努力效仿她们喜爱的女明星的时尚打扮。诸如贝蒂·格拉布尔（Betty Grable，1916～1973）和丽塔·海华丝（Rita Hayworth，1918～1987）一类的好莱坞性感明星，为了体现美国的"我们为之而战"，则前去慰问部队官兵。1939至1940年的纽约世博会，推出了水上芭蕾以及比利·罗斯（Billy Rose）制作的水上歌舞表演等活动。与此同时，在佛罗里达州的柏园（Cypress Gardens），观众们则观赏到一些令人印象深刻的水上运动比赛。米高梅电影公司也在银幕上起用一些体育明星，譬如获得1939年全美游泳冠军的埃斯特·威廉斯，她在1944年的歌舞片《出水芙蓉》中扮演了主角之一，女人们纷纷效仿她在泳池边的身姿。

  显然，这一切也带来了负面的影响。那些身材不符合公认的标准或模式的女性，也许会倍感窘迫，而不愿意下水游泳。第一次世界大战之后的和平年代，泳衣改变了人们关于身材的心理感受。节食和身材在泳衣这一服饰上成了盟友。有服装设计师设计了后面开口、长及膝盖的罩衣，不想过于暴露身体的女性可以把它们套在泳衣之外。然而，紧身的泳衣还是赢得了大多数人的欢心。设计师们还做出其他更有信服力的尝试，这类尝试主要集中在胸罩部分。胸罩要能调节，能提升胸部，能加上吊带，以及胸罩上的褶皱设计要端正。帕特丽霞·弗莱什（Patricia Flesh）是泳衣品牌BVD的一名前模特，是她说服了公司的总裁，生产出一些能够很好地支撑起乳房的泳衣，理由是20年代时兴的平胸在30年代已经不再流行。可以自行调整从而显得身材丰满的胸罩诞生了。

  若仔细观察BVD的泳装，我们就可以看出："隆胸"是通过在泳衣胸罩部位裁剪出特定的布片，并使用褶子的方式形成罩杯来获得的。此外，胸罩内沿还巧妙地加上了一些松紧线，以确保支撑胸部的效果。[15] 1937年，甘特纳-马特恩（Gantner-Mattern）公司大力宣传其独家生产的大号文胸。同样，BVD品牌也为它们的创新产品展开广告攻势：

> 要美丽大方……要魅力四射……要性感迷人！女士，用BVD泳衣来塑造您的身形吧！每一个细节的打造都是为了您的塑形修身，并最大限度地提升您的性感和魅力……

因此，有远见的泳衣制造商营销的是优化的身材，是摆脱了自然缺陷的身材。随着肌肤越来越多地裸露在外，这一时期的时尚评论人士放言，未来人们大概会一丝不挂。这也正是约翰·卡尔·弗吕格尔（John Carl Flügel）在《服饰心理学》（The Psychology of Clothes）中阐释的："总而言之，服装注定只是人类历史的一个片段。"20世纪30年代的一丝不挂和贫困毫无瓜葛，那是某一幻梦的不可分割的一部分，而这幻梦又交织着纯洁天真、进步发展和行动的无限可行性，以及最终的自我提升。

泳衣遂成为对于裸泳的一种响应。1933年，一则广告鼓吹道：

> 詹森的紧身泳衣，极其轻薄，极其柔软，适合于一切身体活动，犹似肌肤一般！游泳时恍如不着寸缕，伴以海滩上完美优雅的穿搭……在这些异常轻巧的贴身连体泳衣里，有着一种全新的自由——一种全新的感受。

在这一时期的《时尚芭莎》杂志里，对于1934年的泳衣所使用的松紧线，有着这样的惊叹："无论是在休息，还是在活动时，这种完完全全的自由，这种完美的贴身效果，这种犹如一丝不挂却又绝对合乎礼法的轻透的感觉。"[16]

然而,成为泳装丽人并非易事。尽管泳衣制造商们努力生产出一些"具有变革意义的"泳衣,泳衣之下的身材却总是存在着这样那样的不足。

全新身材的出现

20世纪20年代,新的身体文化在海滩上显现。在美国洛杉矶、迈阿密,以及后来的法国南部,泳装丽人们纷纷效法健美人士和冲浪爱好者,而后两类人群又深受运动时尚和夏威夷风情的影响。旅游经济和电影工业开创出新颖独特的身体文化。从某种意义上说,尤其是在健美领域,一种前所未见的身材在欧洲大陆流行开来。

像运动一样流行的古铜色肌肤

海滩上,大胆沐浴在阳光下的身体赢得了它的地位。在科学的背书之下,全新的日光养生观念将为身体带来诸多益处。自从20世纪20年代起,《时尚》杂志就开始鼓吹日光浴能给人们带来活力,以及它在促进血液循环方面的功效。对于日光疗法的赞誉也日益增多。1938年,著名女性时装杂志《嘉人》(*Marie-Claire*)声称阳光还能抑制痤疮。然而,在这类肤浅的文章里,扑鼻而来的是"贩卖怀疑的商人"[17]的气味:杂志文章对日晒给身体带来的益处或损害的篡改,唯一的目的就在于贩卖流行服饰。工业和媒体的共谋,以及对于科学言论的操纵,早在20世纪前三十年就已经出现了。因此,20世纪30年代的美国女性即已开始追求"美黑"。化妆品行业抓住这一趋势,不仅推出有助于晒成均匀小麦色肌肤的产品,还开发出了即时晒黑乳液,也就是所谓的自晒黑乳液。泳衣行业和化妆品行业于是发现了相同的利益，前者推出著名的"加利福尼亚风格"的露背式泳衣、低胸泳衣和一些剪裁新颖的泳衣，后者则生产出日光浴产品。尽管十年之后日晒的优点又被人们干脆痛快地予以否认，但化妆品行业还是趁早推出了许多神奇的产品。

在以前，赤身裸体躺在阳光下晒黑皮肤必要遭受谴责，如今这一行为却受到追捧，只因白皙的肤色成了虚弱和疾病的符号。相反，古铜色的皮肤被视为身体的再生，是健康和活力的标志。甚至皮埃尔·德·顾拜旦（Pierre de Coubertin）也希望在他发起的现代奥林匹克运动会上"再次晒黑年轻人"。此类关于晒黑能带来阳刚活力的论调又为30年代特有的民族主义保驾护航——国家需要许许多多强壮和健康的身躯。把皮肤晒成古铜色变成了爱国运动。

晒太阳成了一切问题的良药，尤其是在大萧条时期。它可以治疗肺结核，也能愈合伤口。1936年的奥林匹克运动会上，不仅人们对于健身运动的迷恋达到了高潮，身体是"活的机器"这一全新的定位也深入人心。游泳运动促进了泳衣的变化，而其后起决定作用的则是晒黑肤色这一潮流。不过，随着泳衣不再遮蔽双腿，去除体毛又成为必要。泳衣越是暴露，需要脱毛的身体部位就越多——双腿、腋窝、私密处。身体犹如机器一般需要护理。

为了更好地晒黑和受益于阳光的功效，人们的穿着越来越暴露。泳裤变短，泳衣上身的袖窿增大、胸口低开。至于泳衣的背面，则大开至腰部。而在取得共识的晒黑的好处之下，因身体裸露而滋生的羞怯感也消失了。不过，这也从属于某一越来越强烈的愿望，即解放身体、自由舒展的愿望：女人们的晚礼服故而变得越来越袒胸露背（全露背的晚礼服于1931年第一次出现），即便她们不能把这解释成晒太阳的需要……她们需要自我展示。泳衣变得简约，其目标还在于减少不美观的晒痕。当芝加哥时尚艺术联盟

（Fashion Art League de Chicago）1931年展望半个世纪后的泳衣时，他们的预测还是相当准确的：一件从肩部长及脚趾的连体式泳衣，不过在胸部、肚腹、腰部和臀部都有开口。图片的说明文字则断言"未来泳衣的上身部分会十分袒露，以至于如今的泳衣看起来就像一大块遮羞布"。然而，即便（当时）从肩膀长及脚趾的一件式泳衣没有流行开来，巧妙地裁开泳衣某些部位的概念与21世纪头十年的泳衣还是相当吻合的：腰部和腰身的两侧完全裸露，胸部、私密处和臀部勉强有遮盖。[18]

不过不得不指出，晒黑并不能促进身体的活力。当羞耻心这一心理障碍消失之后，依然还有臀部、腹部、双腿、胸部等身材上的不足，以及橘皮皮肤或妊娠纹等问题。因衣着而暴露出身材缺陷，这一全新的窘境，首先困扰着女性。所以，必须行动起来，修正不完美。

塑身妙计

第一件紧致身材的产品，是美国橡胶公司开发的弹力华夫格面料的泳衣。紧身衣制造商意识到，收紧女人们在海滩上松弛下垂的赘肉十分重要。伊丽莎白·雅顿，同名化妆品企业的一把手，盛赞这一产品的优点：速干，且在游泳时舒适度"令人惊叹"。此类紧致身材的泳衣有红色、白色等，色彩十分丰富，但它本身似乎并非那么舒适。实际上，它的面料粗厚，难以穿脱，吸湿性强，而且容易被撕破。

真正改变泳衣生产技术的是拉丝面料（Lastex）[1]。这是一项重大的发明，它使泳衣既能紧致身材又穿着舒适。因为面料具有弹

---

1 又称弹力纱或松紧线。

性，所以只需标出衣服的尺码大小，而无须标出具体的三围尺寸。梭织的拉丝面料和昔日局限性十分明显的针织布截然不同，它不仅能塑身，而且可以让身穿这一面料衣物的人自如地活动。对于那些有身材焦虑的女人而言——一想到在松弛的身体和冷酷的世人之间只有泳衣遮身，她们就局促不安——拉丝面料的泳衣是完美的解决方案。无论布料上是否有图案，此类富有弹性的织物能控制身形。此外，据说它们也把久坐不动、面临中年危机的男人变成了魅力不可抗拒的男士。无怪乎在卡塔利娜品牌的一则泳衣广告上赫然出现了"拉丝的诱惑"一语。从此以后，要想在海滩上拥有迷人身姿，运动不再是必需的，这都要归功于拉丝这一了不起的纺织材料。

拉丝面料的塑形效果促使人们以一种全新的方式思考泳衣以及身体在公共场合下的呈现方式。既然每一道身体曲线都会在这一面料里如实地再现，那么找到抹除身体结构上的"缺陷"，消除"难言的"身体部位（臀部、腹部和大腿）的萎缩纹，或者强化身材优势（腰身和胸部）的办法，便再一次变得切合实际。泳衣厂商想出了各种各样的塑身妙计：为了让腹部保持平坦、让腰身变细而在内裤里缝合松紧带；为了突出胸部而使用一些剪裁技巧，比方说营造出视觉假象的低开口和微妙地鼓起的褶子。男性同样受益于泳衣的这一革命性创新：他们在"全天候尽享舒适惬意的同时又能保持时尚的外观"[19]。

如此一来，工艺技术帮助身体摆脱了天生的缺点。此外，海滩上的身体还可以受益于新兴的运动器械，比方说A&F（Abercrombie & Fitch）品牌推出的矫正身体缺陷的专用训练器材，其广告声称"单杠、拳击袋和划船机的组合"能够消除身材上的缺陷。[20]

一则关于拉丝面料的泳衣广告更是细致地描绘出该布料上身后的惊人效果："绝没有其他的人类设计，无论是在静止不动，还是在活动时，能达到如此彻底的自由，如此完美的贴身效果。"[21] 即便是在最耀眼的阳光之下，皮肤褶皱也没有了，大肚腩也没有了，松弛塌陷的皮肤也没有了！

身体的裸露让人注意到本身的不完美，如果说大多数人都接受了泳衣加身赋予海滨时光的惬意与欢乐，却依然还有不少反对的声音。

秩序！

尽管为了凸显身体的健康而把皮肤晒成古铜色受到了认可，但在两次世界大战期间，海滩上裸露身体的行为依然饱受谴责。对身体的自由放任，似乎总是象征着道德的败坏、社会关系的恶化、等级的瓦解和民族精神的堕落……

反对的声音

有伤风化或者公然违背公序良俗，这便是对穿着泳衣的身体最强烈的谴责，理由是这样的身体和许多家庭（因此也与孩子们）在同一空间里活动。人们在海滨浴场的行为不能只考虑个人兴趣的问题；为了整体的利益，集体、舆论、国家都应该慎重考虑——审查的眼光转动了起来，须得规范人们的举止，权力机构须得明确立场以避免混乱。《巴黎晨报》（Paris-Matin）的一位记者对1927年的比亚里茨海滩做了如下的描述："这些光着身子的男人，这些性别模糊的女人，这类使人不堪忍受的身体展示，以及男男女女间这种不得体的混杂，让人想起一场虽说合法，却放荡不羁的聚会。"在这一番斟酌有加的措辞里，回荡起的是一个转型社会中的纷争。

于是，划定边界的请愿越来越多。克里斯托弗·格朗热

（Christophe Granger）转述的一次事件就揭示了此类冲突和矛盾。1934年，在卡奥尔市（Cahors），许多年轻的游客来到当地的河岸边度假。男女混合，贴身的装束，日光浴的躺卧姿态，这一景象迫使当地比较传统和保守的居民远离了原本属于他们的河滩。市里的神父对这一引起公愤的事件发表了看法，谴责"不雅的着装"，当然在这之前法国的主教们早已抨击过此类服饰。"家庭的毁灭"就在眼前，必须采取行动：神父取消了游客们参加8月15日圣事的资格。为了平息冲突，卡奥尔市的市长最终下了一道市政决议。[22] 这一事件最终以游客们撤走而告终。

从这一事例可以清楚地看到，毫无意外地，教会反对沙滩上那些全新的身体或姿态。号召教徒们进行抵制的檄文因而呈现出一种战斗的姿态：

> 教徒们，你们是家长。树立起好的榜样，而且如有必要，向你们的妻子、你们的家人、你们的亲朋好友提出好的建议。你们负有指引灵魂的责任。
>
> 你们是父亲。保护好你们的孩子，无论是你们成年的孩子，还是未成年的孩子，保护他们远离危险，免遭一切危害。
>
> 你们是社会的中坚，你们是多数派。不要害怕那一小撮精神失常或不正常的人，也不要被他们牵着鼻子走；你们的软弱、你们的沉默、你们的耐心都会被他们当成鼓励。
>
> 教徒们，在沙滩上依然要保持你们基督徒的本色，犹如无论身在何处你们总是基督徒。造就良好教养的人所需的诚实和其他优点不容半点松懈。同样，基督徒的礼规，造就完美、正直的人所需的高尚情操和道德标准，也不能有所懈怠。[23]

舆论之战开启了，指责衣着暴露等堕落行为的言论再严厉也不为过。教会依照其自身的准则，阻挠身体解放，力图维护其至关重要的精神理念，从而确保它的权威完好无损。

大多数的海滨浴场，无论是大型的，还是小型的，都牵涉其中；针对它们的论战在大西洋两岸此起彼伏。洛杉矶、阿卡雄（Arcachon）[1]、波尔图（Porto）[2]、滨海拉塞讷（La Seyne-sur-Mer）[3]、罗马、滨海布洛涅（Boulogne-sur-Mer）[4]，甚至加莱都卷入了论争，一时群情激昂。新的区分准则模糊了人们的社会归属，尤其是从外形上一眼就可以看出的社会归属。失去了优势的传统势力想留住他们的礼规习俗或正统的惯例，他们的敌意超越了泳衣问题，呈现出象征性的社会意义。抨击新风尚的保守力量，几乎毫不掩饰他们作为既得利益者想维护其体系的决心。维护旧时的秩序对于上流阶层而言极为有利，所以他们同样谴责身体在沙滩上的展露，说这会使民族和国家蒙羞。他们正是常常打着整顿国民的旗号，要求国家或市政当局采取具体的举措。不过，旧的礼俗还是因为新的风尚而逐渐消退。

规章法则的频繁调整：摇摆于公序良俗和多重标准之间

在法国，右翼基督教领导的道德整顿运动，于1927～1929年间首先由家长联合会发起，这一组织力图让政府介入其中。然而，国家在寻求平息冲突的同时，选择对这类问题放手不管，把决定权留给地方政府。市政的法令故而日益增多。[24]

---

1 法国西南部城市。
2 葡萄牙城市。
3 法国东南部城市。
4 法国北部城市。

1922年6月30日,华盛顿潮汐湖岸,警察比尔·诺顿(Bill Norton)正在测量膝盖至泳衣下端的距离,确保该距离不能大于6英寸(约15厘米)

从1925年至1935年的十年间,大约出台了250项海滨浴场的行为守则。所有条例都禁止在沙滩上脱光衣服,或重新穿上衣服,包括在沙滩上的木棚里脱衣和穿衣,除非木棚确确实实密不透光。然而,即便是在19世纪末,穿着泳服出水并在一间棚屋里换上衣服,或者围着浴巾出水都是可行的。可见这十年间的观念倒退。苏珊·法露迪(Susan Faludi)在她的著作《反挫:谁与女人为敌》(*Backlash. La guerre froide contre les femmes*)里,就解释了社会的进步在多大程度上受制于猛烈的反攻,有关女性身体的情形,就非常具有典型性。身体部位的逐渐展露伴随着棍棒的反冲,结果便是出现了比半个世纪前还要严格的禁令。女性一度争取到的胜利经常被当成靶子。回到过去或倒退的趋向——企图——始终存在。

体面的泳衣首先是通过对泳裤或短衬裤的抨击这一否定的方式来定义的。因此，它必须遮盖上半身、腰臀部和大腿。穿着浴袍从海滩下水是必需的。某些市镇当局允许一些更为大胆奔放的行为举止，但必须是在远离人烟的城外。有些度假的游客对警察开出的罚单提出申诉，甚至到了诉诸法庭的地步。但在繁复的市政条例之下，不可能形成全国性的统一管理，只能让各地区自行解释和裁决。所以，重要的不是规定行为准则，而是力图让理论上不可调和的两套行为操守共同存在。

在美国，事态的发展有所不同。20世纪初的时候，街上的警务已经让警察们疲于奔命，洛杉矶的海滩因而并没有受到监管。海滩因远离市中心而成为一片自由的天地。不过，海滩上的着装依然要服从某些规则，而这些规则往往由洗海水浴的游客相互商定，人们把这类规则称为个人的自我约束。正因如此，许多城市并没有制定相关的条例，这些城市往往共享同一片海滩，这一事实使得统一行为准则变得尤其困难。1923年，在康涅狄格州最大的城市布里奇波特（Bridgeport），主管娱乐活动的州长就解释道："就［泳衣］这一问题，公众还是比较理性的，明确规定泳衣下摆应在膝盖之上的厘米数没有任何意义。"1929年8月，在圣莫尼卡（Santa Monica）海滩，当一些正光着上身游泳的男子遇到警察的临检时，他们只需把泳裤上的背带重新套上就不会被逮捕。尽管早在1910年至1920年间，圣莫尼卡这一滨海城市就已经颁布法令，禁止穿着泳衣逛街或逛商店，但最终占上风的却是担心变成一座"墨守成规"的城市的心理。

警察的巡视督促着海滨浴场的游客遵守公序良俗，然而新来人口的涌入以及海边游客的爆炸式增长还是改变了局面。后来的市政条例，旨在吸引富裕阶层游客的同时，把社会下层和边缘人群排除在外——从某种程度而言，经济条件决定道德品行。根据度假游客的类型，规章条例多多少少具有弹性。

泳衣轻松赢得大众的喜爱，并逐渐成为休闲度假、放松惬意的一种符号。不过，它的出现给社会习俗带来了深刻变革，抵制泳衣的人士因而强调有失体统的弊害和相关行为举止的危害性。第二次世界大战期间，泳衣几乎被人们抛诸脑后，到了上世纪50年代，它才又强力回归。

第八章　声名鹊起的泳衣

"二战"后的乐观情绪

在"光辉三十年"间，亦即从1945年至1975年的三十年时间里，法国人目睹了现代假期，或称大众假期的飞跃式发展。上世纪30年代以后，无论是海滩服饰，还是晚会上的露背晚礼服，都宣扬着身体摆脱旧时秩序而取得的胜利。第二次世界大战的爆发打破了这一发展，然而身体的记忆是如此强大。海边度假时半裸的着装，使身体成为一个橱窗，一个需做足准备的展览。海滨浴场的戏剧上演了。[1] 第二次世界大战之后，美国的泳衣生产商抓住有利大环境，推出了与战后美国及欧洲社会的乐观、柔和与恬静气氛相呼应的泳衣产品。美国艾森豪威尔时期和欧洲重建年代，都沉浸在消费主义的快乐梦幻里。轿车、电视、点唱机、泳衣加身的快乐假期把人们笼罩在一种富足的感受中。拉丝面料再次出现在市场上；一些新的合成纤维面料，比如尼龙，也很快应用于泳衣生产。物资短缺的年代甫一结束，西方国家便踏上前往消费乐园的旅程，一去不复返。这一时期的特征是娱乐活动和现代化的突飞猛进。泳衣一如既往地成批上市，此时的新产品也紧随时代精神而有所调整：布料闪闪发光，款式越来越奔放自由，设计师也树立起个人的风格。

工艺复兴与泳衣设计

20世纪50年代开创了一副凹凸有致的身形：乳房高挺，腰身纤细，身体裹在贴身的弹性面料与钢圈之中。杰恩·曼斯菲尔德（Jayne Mansfield，1933～1967）——美国女演员，歌舞剧领舞，《花花公子》杂志女郎——1952年列举了女人在身穿泳衣时若想感觉良好所需的身材标准："腹部平滑，胸部紧致，臀部漂亮，这样你就上道了。"不过，天生拥有如此身材的女人少之又少。泳衣，看上去是这般的轻飘飘，一年里面也就短暂地穿那么几次，却成了一件十分重要的物品。它帮助女性塑造、管理、凸显她们美丽的身材。犹如旧时的紧身胸衣，泳衣同样是以极其精妙的工艺打造出来的。

时人目睹了紧身衣物的再一次兴起，引领这一风潮回流的，既有文化模式，也有现实考量。50年代的紧身衣将在"显身材神器"的戏法之下，使普通女性焕发新貌。成批上市的泳衣同样有助于提升体形，从而增强女性的自信。然而，隐藏在这些目标之后的，是女性天生不完美的身材。《假日》杂志的托尼·罗宾（Tony Robin）对此做出了清晰的解释："大多数女人既不是运动员，也不是模特，为了穿沙滩服，她们有必要管理一下自己的身体。"[2] 新的材料和生产技术也促进了追求完美身材的事业。当时的石化行业研发出了新型塑料、泡沫和橡胶合成品，它们能让胸部显得挺拔饱满。这便是"丰胸"的第一阶段，其后才是整形外科手术不断完善的乳房填充。

1940年以后，文胸罩杯上开始缝有一些精巧的弹力线，以满足不同的胸围需求。以此种工艺塑造出来的身形，依然远远达不到50年代女性所追求的性感匀称的完美体形。这个年代流行的是饱满、挺拔的胸部和紧致的蜂腰，显得更加夸张、不真实。泳装的上半身因而使用了一大堆材料：泡沫衬垫，尖突的塑胶锥形罩杯，可以随意鼓起的内衣填充物。不过，当时的衬垫还不符合内衣的要求：它们无法贴合胸部，并且一有按压就会塌陷下去。1951年，赫伯特·尼格森（Herbert Nigetson），米制公司（Metric Products）的创始人，发明了把塑料和纺织原料结合在一起的工艺，制作出无缝贴身的罩杯。这样的罩杯一面粘合了共聚物塑料薄壳和聚氨酯泡沫，另一面则是柔软有弹性的尼龙织物。这一被称为科威尔（Curvelle）的文胸罩杯，对于泳衣而言是一项重大进步。它能迅速干透，即便在放了化学剂的泳池里也经久耐用，而且穿着舒适。米制公司生产的罩杯能贴合各种身材，而且它们对自身的形状有着异乎寻常的"记忆力"[3]。

同样，男人们也尽享泳装带来的舒适感，他们的身体在一年中的大部分时间都裹在职业装里，泳装成了一种慰藉。泳装上的图案色彩鲜艳，花哨的细节有增无减，泳裤也可以搭配印花衬衫。男性的自由在海边进一步增强。一个男人的泳装反映出他的情趣和喜好，这是他在日常生活中没有机会表露的。此外，男士泳装还和女士泳装相得益彰：条纹、蜡染花纹、夏威夷印花、蜥蜴纹、波浪纹等等，这些常用纹样都不具有性别色彩。

泳衣生产商之间的竞争在50年代变得白热化。为了提升产品的竞争力，一些美国厂商开始寻求和法国的时装设计师合作，为他们的泳衣产品增添魅力。伊夫·圣罗兰凭梯形连衣裙（trapèze）声名大噪，这一设计能营造出修长且纤瘦的H形曲线。詹森公司便在它的纹理泳衣上采纳了这一都市风格，增添了一抹"巴黎的风情"。美国生产和法国设计的合作，表明泳衣业走向成熟，美国的生产商得以声称他们在这一领域领先世界水平。在1956年6月版的《假日》杂志里，出现了这样一段话："美国泳衣现已成为世界标准，不仅出口到全球各地，还受到竞相模仿。"[4]

准备登场！

上世纪50年代，假期成了各工业国家的劳动者共享的唯一信仰。在人们的计划里，暑假和周末是日常工作的一种暂缓。海边热闹起来，既有餐饮美食，又能放松身心，吸引了数以百万计的游客。女人们开始追求泳衣的花样，开始在每一个上新季购买不同的款式。泳衣赢得了无可争议的新身份：人们日益关注泳衣"穿上"的效果，而非暴露的身体。

犹如晚礼服一般，泳衣登上了时尚的舞台。一件钉有仿钻的肉色针织泳衣，要价可以高达1000美元。加利福尼亚和佛罗里达海滩上的泳衣，尤其呈现出一种明艳、绚丽的舞台风格。50年代早期，科尔泳衣公司是这一类泳衣的专业厂家。1952年，埃丝特·威廉斯穿上由科尔品牌打造的、金光闪闪的泳衣（饰有金银铂片），出演了《百万美人鱼》(*Million Dollar Mermaid*)。从那以后，泳衣甚至饰以价值数十万美元的珠宝。为了打造出一些惊人的样式，泳衣业和珠宝业积极合作。得克萨斯州的富人把此类泳衣用作泳池派对的主要装饰。与此同时，科尔公司还展开了一系列的调研，以便了解什么样的产品能在大众市场上取得成功。为了确定"令人艳羡"的时髦式样，该公司尤其注重名流显贵在冬季的海边度假胜地的穿搭。在它的策略里，行为模仿论至关重要。弗雷德·科尔还在他富丽堂皇的私人府邸里举办晚会，俊男靓女在可媲美奥运标准的泳池四周缓步徐行。

在上层社会，泳衣成了一种华丽的服饰。诚如弗雷德·科尔1956年所说："无论在哪一个时尚的海滨浴场，是海边漫步，而不是海水"占据着舞台中心。在人们的思维里，泳衣故而不仅仅与水有关，它成了休闲的仪式之一。[5]正如上世纪50年代镀铬的豪华轿车一样，这一时期鲜艳夺目的泳衣折射出人们对于富足、对于异国风情和新奇的兴趣——无论是在自然领域、文化领域，还是在机车领域。在泳衣这一方寸大的布料上，设计师们讲述着一段关于式样、材质和印花的文化故事。

名目繁多的泳衣、毛巾裙、泳鞋、泳帽和太阳镜，以及防水化妆品，这一切能让女人们无论在水中还是在岸上，都随时保持精美的妆容。

比基尼：原子弹的神话

要了解比基尼，我们必须稍微回溯一下历史，因为史料过于强调它诞生于第二次世界大战之后这一并不确切的说法。实际上，两件式泳装早在两次大战期间就已出现。30年代，法国的安纳西（Annecy）发布了一则广告，宣扬它优美的沙滩。在广告海报上，可以看到左边有一段碧蓝的安纳西湖，有阳伞、帐篷和正在晒日光浴的游客。海报的中间，则是把湖水和城市隔开的一大片金光闪闪的沙滩。最后，海报上五彩斑斓的花坛、一座凡尔赛风格的喷泉，以及一处坐落在树荫里的酒吧露天座完美地营造出安纳西诗情画意的形象。海报的正前方，是一位身穿泳衣、婀娜多姿的美女：她有着小麦色的肌肤，身穿两件式的皇家蓝泳装，头上戴着一顶红色泳帽，脚上则是平底十字拖鞋。尽管她的泳裤看上去是高腰的，遮住了肚脐，但很明显，这是一套非常接近比基尼的分体式泳装。[6]实际上，巴黎的服装设计师雅克·海姆（Jacques Heim，1899～1967）早在1932年就已设计出了"原子"（Atome）——这款两件式泳装被称为世界上最小的泳衣，十分接近比基尼。泳衣布料的减少并非等到"二战"后才出现。不过，对于露出腹部，人们一直以来都很谨慎：肚脐仅自己可见。为了实现史上最小的泳衣，还需要一个阶段；此时的人们依然有所保留，过于暴露的泳衣依然被视为有伤风化。

到了1946年，亦即在太平洋的比基尼环礁岛进行第一次核试验的那一年，曾是汽车工程师的路易·雷亚尔（Louis Réard），在成为纺织品制造商后，设计了一套比上述的"原子"泳衣还要暴露，并且露出肚脐的两件式泳装。他为该泳衣取名为"比基尼"，并决定使用"一颗原子弹"广告语，因为他相信这一分体式泳衣将和比基尼环礁岛上爆炸的原子弹一样产生轰动效应。法国脱衣舞女郎米歇琳娜·贝尔纳迪尼（Micheline Bernardini，出生于1927年）在巴黎莫利托（Molitor）公共游泳馆举办的一次时装展示上，穿着第一件比基尼亮相：两片三角布组成胸罩，套在脖子上，后背的两条细带把它们系在一起，下身的两片三角布同样由胯部的两条带子连在一起。

一则比基尼的神话由此诞生，尤其是在天才时尚专栏作家戴安娜·弗里兰（Diane Vreeland，1903～1989）的笔下。她宣称比基尼是继原子弹后最重要的事物，能显露出"一名女子的一切，除了她母亲的姓氏"。当时，戴安娜·弗里兰为《时尚芭莎》撰稿，这是第一本向美国读者展示比基尼的杂志。该杂志1947年5月号推出了摄影师托尼·弗里塞尔（Toni Frissell）的一幅作品：一名女模特，身穿美国运动服装设计师卡罗琳·施努勒（Carolyn Schnurer）打造的绿条纹白点比基尼。不过，时尚媒体的认可并不意味着大众也会乐意接受比基尼。它一下子露出太多撩人的身体部位——后背、大腿根，以及前所未见的肚脐。因此，比基尼在当时只是少数时尚精英的专属，除此以外它在世界各地都饱受诟病。

比利时、西班牙和意大利立即严令禁止比基尼。在法国，随着它在西南海岸逐渐流行，比亚里茨市长颁布市镇法令，严禁女性身穿这一伤风败俗的衣饰。而美国的女性团体则向好莱坞施压，力求将比基尼驱逐出电影拍摄场地。早在20世纪20年代，洛杉矶的警察就已开始测量小短裙的长度，而比基尼还要令人义愤填膺。无论是对于保守党人，还是对于共产党人，比基尼都引起了轩然大波，前者从中看到的是有伤风化，后者则认为那是有辱于工人阶级的资产阶级服饰。比基尼的上衣几乎和胸罩一模一样，而胸罩的问世也仅仅是在1904年；穿着比基尼，与穿着内衣行走在海滩上并无二致。

要想把一件有争议的物品变成人们渴望的对象，大可期待明星的影响力。碧姬·芭铎身上的玫瑰方格条纹裙就给人们留下了不可磨灭的印象。在蔚蓝海岸，尤其是戛纳电影节期间，碧姬·芭铎等电影明星纷纷穿上比基尼摆造型。为了新产品的营销，生产商们可谓是加倍地发挥他们的聪明才智。此外，那一时期的美女墙贴画也大力宣传比基尼，似乎它能将人幻化为性感炸弹。比基尼成了整整一个时代的象征，一个全新的自由的时代，"二战"后无忧无虑、快乐消费的时代。比基尼成了字典里的一个专有名词，并因《黄色圆点比基尼娃娃》（*Itsy Bitsy Teenie Weenie Yellow Polkadot Bikini*，1956）这一流行歌曲而深入人心——法国一代歌后黛莉达（Dalida）曾把这首歌曲改编成法语版的《小小比基尼》（*Itsy bitsy petit bikini*）。1959年，《纽约时报》上的一篇文章写道："比基尼再次风行。这一产品不知为何突然获得大众的喜爱。"随着私人泳池数量的强劲增长，日光浴得以在私密空间中进行，这无疑解释了人们想宽衣解带的愿望，比基尼故而备受欢迎。从比基尼问世至50年代末期，美国私人住宅的游泳池数量从2500个增加至87000个。与此同时，在旅游业的飞速发展下，重返海滨度假也成为风尚。

戴安娜·弗里兰对比基尼赞不绝口：

> 比基尼的世界是自然的世界，是完全由自然力占据的世界。它使我想起船只，想起南非寂寥的沙滩，想起地中海人对他们身体的骄傲。我们，城里人，早已忘了：谢天谢地，大自然比人类占据了更多空间。[7]

戴安娜·弗里兰很乐观，她在《时尚芭莎》的身份使她天马行空，甚至有点不切实际。其言论并没有把一切社会阶层和个体都考虑在内。实际上，海边几乎一丝不挂的身体展示，会打开女性复杂心理的潘多拉之盒。

新一轮的身体塑形

自从比基尼1946年在欧洲出现之后，它受到公众和法规的普遍排斥，被认为有伤风化，甚至低俗。早在比基尼普及之前，身体就已经处于战备状态，以便回应它在沙滩上应有的视觉标准。

半裸的松弛

在以城市生活和服饰——文明的苦恼的标志——为特征的工业社会里，随着海边活动发展而裸露身体，被视为某种恩赐。第二次世界大战之后，报纸杂志等媒体和电视连续剧的迅猛发展进一步巩固了消费社会的发展；与此同时，全新的个人主义则拥抱个体舒适和自我满足等观念。不过，新的规则也由此树立起来：行为举止应该像眼神一样克制内敛，想法要正经，避免轻佻。于是，人们开始见证对于身体的某种塑造，而这正是为了适应一个全新的社交空间：沙滩。认知必须中和，性张力必须从这一空间剔除。此外，裸露带来了新的自我发现，使身体有了全新的社交重要性：人们开始对身体进行投资改造。衣着的暴露保留了下来。从此以后，人们的身体拥有了多重性，而度假的游客尤其要精心打造他们崭新的夏季体形。

针对难看身材的聒噪之调开始出现在杂志上。诸如"肥胖""不成比例"或者"身材不好看"等表述，都在贬斥与生俱来，却不合标准的身材。与此同时，尽管上世纪50年代的医生已经提到日光浴的危害，但把皮肤晒成古铜色或小麦色继续被人们视为身体健康和社会地位的标志。对白皙皮肤的排斥开始了，假期前必须先用美黑霜给皮肤做好准备，这可以避免肤色像阿司匹林药片一样白。女人们用手掐身，以便分析鼓起的赘肉。存在缺陷的部位就通过运动和饮食来提升。因此，每年的4月到6月，杂志里就会出现一系列文章，以配合夏天来临前人们重塑身形的需要。对于身材的这一全新关注变成了获得快乐的必经阶段。

最后，人们在海滩上展示的是一种自信、一种自尊和一种阳光般的个性。懂得半裸的松弛：这便是一种崭新的身体指令。尽管时代提出了一种标准化的身材，但它同时也审视个体的身材。为了战胜羞耻、苦恼等心理，并避免拿自己和海滩上的其他游客相比，就必须进行大量的塑形训练。

众目之下的身体

为了展示个人的身体，塑形似乎是必不可少的。如果说古早的紧身胸衣以及后来的紧身褡备受谴责，那么后来的瘦身技巧对身心的伤害实际上还要更大。20世纪相继出现了两种模式：首先是收紧腹部、遮挡赘肉、挺拔身姿的紧身衣的一代；其次是厌食症和色情化的一代。

得到解放的身体部位首先是上身和臀部。将紧身胸衣和之后的紧身褡清除出衣柜的，是人们对于健康和自由的诉求。这两种塑形衣物被指责在紧身束体的同时造成呼吸和行动上的困难，不仅令人不舒服，还会在身上留下红红的印子。对于年轻一代而言，泳衣和比基尼是身体自由的同义词。但那并不是一种无忧无虑的自由：与紧身褡相比，泳衣其实意味着更大的束缚。泳衣的剪裁、颜色和布料的减少，都限制了女人们对于自己身体的掌控，譬如她们要如何走动，以及她们能吃什么东西。[8] 泳衣的简化带来的是瘦身。事实是，女人们必须加倍地控制体形，公共场合的身体展示获得更大的自由度，这表面上是一种胜利，实际上却必然引起一种比较——与海报或电视广告上出现的非现实的美女的比较。姿势性感、身材傲人、辅以修图的模特照片随处可见，这在很大程度上影响了女性的自我价值。于是，我们看到的是室内健身训练和运动的发展，也看到诸如厌食症和暴食症等饮食失调问题的大量出现。身体并非只从外在——束以紧身褡——加以塑形，也从内在被改造了。

苗条和年轻是"广受欢迎"的女性身材的两点关键。在完全变为文化现象之后，它们构成了对女性的指令。这类对身材的要求使得自律成为必然，而自律也被描述成一种解放：通过呵护肌肤、控制体重和护理秀发，它释放出每一个女人所拥有的美。60年代，一些企业开始推出辅助女性进行减重塑身这一日常任务的课程。1963年开业的慧俪轻体（Weight Watchers）是其中的佼佼者，成立四年后，它就拥有了107家门店。慧俪轻体的宣传策略很快锁定在个性化的饮食之上。2013年，这家企业以每周举办5万次团体课程，总共招收140万名学员的业绩，成为减重瘦身服务行业的世界领先品牌。日常的辅助方案造成的是强烈的依赖心理。如果一位女性在减肥成功后停课，之后体重反弹，她就会归因于自己的饮食问题。结果是，我们不仅看到会员们反复注册辅助课程，还看到五年内她们的减重失败率高达84%。[9]女人们似乎确实需要某种形式的督促。

早在上世纪60年代，女性杂志就每年都以新推出的饮食法，以及作为好莱坞时尚的超高蛋白质饮食或者间歇性禁食等，来宣告夏天的来临。女人们对于夏天的焦虑便由此引发，原本的休闲惬意被焦虑不安所替代。冬天的羊毛套衫比较容易遮盖肚腩，而夏天来临之前须得严格执行饮食计划，类似于复活节前的大斋戒和节日当天的盛宴：禁食、禁欲通往的是欢享。必须吃苦才能美丽。

媒体的思想灌输、宣传和影响决定着女性节食减重的行为。饮食上的清心寡欲可以从那些送上门的外卖餐食中看出，此类餐食不仅限制了女性专注于她们的日常习惯，还降低了她们在生活里的自主性。

这种对于身体的狠劲儿最终由存在已久的整形外科术发挥到极致。早在14世纪，人们就已经目睹了移植术的发展。19世纪时，出现了面向伤残军人和梅毒患者的鼻子修复手术。为了重新焕发青春的容颜，莎拉·伯恩哈特（Sarah Bernhardt）[1]做了两次面部除皱手术。第二次手术是为了修复第一次手术后出现的后遗症。在大西洋的另一侧，美容整形手术在20世纪初呈爆炸式增长。第二次世界大战之后，整形手术成本降低，故而不仅逐渐普及，而且面向整副躯体。[10]一颗原子弹——这便是经过手术刀改造后的女性身体穿上比基尼时的强大冲击力。臀部、小腿肚、胸部、鼻子、脸部轮廓、腹部……每个身体部位都能加以改造，直至和最初的身体截然

---

1 19世纪末20世纪初法国最著名的女演员。

不同。所有的女人，无论她们是否整容，都知道这类整形外科术的存在。这样的认知也决定了女性身体的表现。直到上世纪80年代，整形外科手术有增无减。常见的是，手术是不可逆转的，而美的标准却不断在变化。对于身体部位和四肢进行的深层次改动，会被视为对自身出现的心理不稳定、心理失衡或遗传性精神疾病的一种征兆。陷入恶性循环的女性，先是屈从于媒体传播的夸张身形，继而又通过自己的实践推波助澜。

时尚、体育、美妆、医药等行业所传播的"美的理念"，表面上给出了"个性化的方案"，实际上却是对于个人心理的一道安慰剂。市场打造出不可触犯的美的神话，这种美一方面千篇一律，另一方面对于每一个女人而言，又是独特的。

深谙泳衣心理的设计师

罗斯·玛丽·里德（Rose Marie Reid，1906～1978）曾经是温哥华一家美容院的老板和泳衣设计师，在结束第二段婚姻后，她于1946年定居美国加利福尼亚。早在1936年，她即在温哥华成立了里德假日服饰有限公司。她最初设计的泳衣以身体两侧、胸部至下身或者胯部的系带为标识。十年后，里德公司的泳衣销量占到了加拿大全国泳衣销量的一半。同年，她在美国创办了罗斯·玛丽·里德公司，其产品迅速占领全球市场，行销西欧、北美、南美和澳大利亚。

里德以她的创新和时尚品位受到追捧。她是第一位在泳衣中加入内层胸罩、收腹带、松紧带、罩裙的设计师，并开发出许多海滩度假的衍生用品。此外，她并不止步于生产标准尺码的泳衣，还设计出了适合多种体形的不同尺码和剪裁式样的泳衣。1950年，她为弹性布料的无扣式连体泳衣注册了一项美国专利。她还通过电影行业，为她的产品博得了大众，以及诸如丽塔·海华斯和玛丽莲·梦露等明星的欢心。

她的产品广受欢迎，在洛杉矶、芝加哥、迈阿密及纽约都设有专卖店。1955年，她被《洛杉矶时报》评选为十大"年度女性"之一，次年又被《体育画报》提名为年度设计师。1960年，罗斯·玛丽·里德公司的总收入比1951年增长了五倍之多，从350万美元增至1810万美元。

里德称自己是泳衣心理学家。她重视胸围、臀围、年龄、尺码以及体形。她的设计理念同时也围绕着泳衣与场景的适配。因此，她定义了三种泳衣穿着情境：日光浴、游泳、心理需求。第三种，属于纯粹的放松，适合那些对自己的身材感到沮丧、发窘的女性。里德设计的泳衣，能掩饰身体的不匀称，凸显腰身从而舒展臀部和上半身，条纹布的使用能达到瘦身、挺胸和收腹的效果，而褶裥的利用则可以改变身体的曲线。

泳衣的性感化和文化挑衅

20世纪60年代是反叛与颠覆的十年。美国黑人、女性和年轻群体要求权力的平等、更多的自由。在这股发展趋势中，女性的身体是诉求的重点，女人们希望自己的身体能随心所想地行动。在许多国家，她们主张拥有个人银行账户，自行决定避孕措施，以及拥有以她们认为合适的方式工作等可能性。在男性主导的社会里，女性身体的裸露程度在很大程度上由男性决定，因此泳衣属于她们一揽子诉求里的一部分。女性纷纷在海滩裸露上身，皆因这是自由的一个指标。1963年的夏天，一些海滩时尚评论家预言，海滨浴场上的泳衣将趋于保守；另一些则预言，没有上半身的女士泳衣即将出现。可以说，两种说法都没有错。

赤裸的真相：1964年

1964年标志着两个时代的分野。在美国，伯克利大学受到一场争取言论自由和公民权的学生运动的冲击，约翰逊总统"向贫困宣战"，与此同时美军则深陷于越战之中。同年，奥地利裔的美国时装设计师鲁迪·简莱什（Rudi Gernreich，1922～1985）在曼哈顿的一家酒店里私下展示了他设计的一款裸露上身的一体式泳装（monokini）：没有任何装饰的泳装只遮盖住从腰部到大腿处的身体部位，后背裸露，胸前有两条细带，从肚脐处往上穿过双乳、越过双肩，延伸至三角泳裤的后部。显然，这是对传统习俗的极大挑战。下半身虽有遮挡，但上半身的两条细带尤其凸显了赤裸的胸部。对于鲁迪而言，"性别在于个体自身，而不在于个人穿着"。他认为这是一种无性别的泳衣形式。[11] 泳衣——自从30年代以来一直受到谴责——没有带来性的震撼，反而招致了漫骂讥讽，甚至被认为是反创新的。露出双乳的式样在国际上引起了极大的争议。时人就它的道德性、合法性以及美感争论不休。抗议的声音此起彼伏，譬如在宾夕法尼亚州的艾伦镇（Allentown），一支妇女队伍在赫斯商场的四周竖起罢工的木桩，以抗议该商场订购了许多有失体统的泳衣。最后，这些泳衣都被送给了穷人，理由是他们似乎没有任何的羞耻心。

简莱什大胆的设计大概不动声色地促进了性革命（性解放）运动的发展。很快，女性裸露胸脯比他设计的泳衣还要更流行。裸露的双乳和泳衣的细带不是在做戏或博人眼球，而是对阳光和自然的召唤。[12]显然，70年代裸露上身的女士泳装的普及引起了极大的论战，但这一海边的大众化现象使得此类泳衣失去了一切性的色彩。自制稳重、得体大方，改变了人们对于身体的性幻想。

在法国，裸露上身的泳衣1964年首先出现在海滨城市圣特罗佩（Saint-Tropez）。在接下来的十年间，此类泳衣越来越多地涌现在法国的各处海滩。著名的时装设计师安德烈·库雷热（André Courrèges, 1923～2016），受到太空时代的启发，在他设计的泳衣上裁出圆洞。有些人于是猜想泳衣将最终朝向裸体主义发展。相反，另外一些人则认为泳衣将恢复原先遮身蔽体的传统。事实是，什么也没有发生：泳衣一如既往地定期出现在时尚专栏里，而且花样迭出。此外，泳衣的搭配或饰件并不多。人们也许会配上一条长裙，一副太阳镜；当然，根据某一时段的潮流，也会搭配一顶太阳帽……不过，重要的是脸上的妆容。脸部的修饰变得必不可少，这便是太阳镜呈现出极大创新性的原因：它们被加工成猫咪或蝴蝶、鸡尾酒杯或音符的形状。海滩的装束最终变得十分矫饰。

反叛的年代

上世纪六七十年代充斥着一股强烈的、不可阻挡的觉醒意识。反叛、抗争和理想主义的精神激励着所有人。在冷战、越战和学生示威游行日益紧张的年代，盛行的是代表着叛逆精神的甲壳虫乐队、滚石乐队、摇滚电吉他手亨德里克斯、伍德斯托克摇滚音乐节。裸露身体，也成了政治反抗和文化进步的表现。为了蔑视权威和传统价值，成千上万的年轻人纷纷展露身体：在牛仔裤上挖出大洞，胸罩则最终被扔进垃圾桶。按一定比例结构裁剪的衣服，成为严格刻板的同义词。裸露，则代表天然，受到人们的推崇。

泳衣的设计在这一年代出现了重大创新，一种真正意义上的革新。莱卡（聚氨甲基醋酸纤维）是美国杜邦公司投放市场的一种聚氨酯化合布，以高弹性为特点，具有出色的塑形效果，并且轻巧、丝滑、柔软、清爽，因而成为紧身泳衣的理想面料。穿上含有该面料的衣物，胸部变得更加饱满而非瘦削，身体线条也显得柔和流畅，而体形则是加倍地优美自然。渐渐地，拉丝面料变得过时了。

裸体潮流最早在20世纪60年代就有迹可循。三角泳裤越来越贴近腹股沟，泳装的上半身则越来越小巧——胸口低开，吊带也越来越细。最后便是夏季一览无遗的胸部。泳衣之下的女性身体，历经二十年的中规中矩——附带多个世纪的压制——之后，终于展露在日光之下。然而，在已婚妇女和身材更加苗条的年轻女孩之间，出现了一道鸿沟。尽管比基尼自诞生伊始即在美国不受礼遇，但1960年的夏天改变了一切：7月4日国庆节这一天，美国女性将进行传统的泳装游行活动。《纽约时报》打出了标题：《前卫大胆的比基尼的命运今日见分晓》。很快，这一大获全胜的两件式泳装遍布各地沙滩。1963年，《新闻周刊》的一名记者写道："在女性为美国的泳衣产业——年销售额高达2亿美元——感到长时间的羞愧之后，比基尼终于走上了光荣体面的道路。"[13]

总有一款适合你？

20世纪下半叶的发明创新，为每个女性都提供了完美的沙滩服饰。比基尼、露乳泳衣、细带式泳裤（丁字裤）、一件式连体泳衣、高腰三角泳裤、迷你泳衣、超大号泳衣……泳装和身材渐渐呈现多元化趋势。

首先要说的是比基尼。"二战"后的婴儿潮一代，在十六岁的英国模特、平板瘦削的崔姬（Twiggy）身上找到了身材标准。50年代对丰满体形的追求逐渐退潮，代之以纤瘦、高挑、年轻、运动型的女性身材。没有了凹凸曲线，仿佛雌雄同体的身材对比基尼产品的发展产生了影响：它们逐渐简化，变得越来越小，最后成为四个由细带系在一起的小三角形。而这也应该归功于碧姬·芭铎。她身穿粉红色格子条纹比基尼哼唱《玛德拉格》的形象，完美地诠释了泳衣的性感气息以及回归自然的海边风情。此后，人们又开始了对小麦肤色的追求。为了减少泳衣印，还有比穿上迷你比基尼更好的解决方法吗？泳装的配饰在这一时期逐渐消失，以便最大限度地达到美黑效果。似乎没有什么能阻挡女人想把皮肤晒成小麦色的渴望。只需一瓶美黑油、一条浴巾和一副太阳镜，她们就可以充分地享受在海边的假期。而在晒日光浴时，她们还会脱掉比基尼的胸罩。

裸露上身的"上空式比基尼"早在20世纪30年代就已存在，不过这一时期的人们在晒日光浴时，出于羞怯的心理会采取俯卧的姿势。因此，只有背部能完整地晒成小麦色。然而，到了60年代中期，女性开始袒露胸脯。批评的声音很快响起，认为裸露上身的泳装时尚来自色情产业。到了1968年，"五月风暴"刮起性解放旋风，体育运动也促进了泳装的简约化。如此一来，女性大可在沙滩上展示她们在健身房——70年代末开始发展起来——锻炼出来的肌肉和紧致的身材。丁字裤，由一条隐藏在两臀间的细带连在一起的小三角内裤，能让臀部完美呈现。正如裸露上身的"上空式比基尼"一样，丁字裤是主张回归真实、自然的天（裸）体主义的体现。自从第二次世界大战结束以来，天体主义不断发展，天体营在欧洲遍地开花。1950年,在蒙塔利维(Montalivet)的海滨日光浴疗中心,成立了法国的第一处天体营。随着国际天体主义联盟的成立,天体营接二连三地出现。[14]

上世纪80年代,连体泳衣在悄无声息中完美变身。它重新回到台前,花样频出,却丝毫无损于它所隐射的诱惑力。塑身面料不仅使裸露的双肩和胸口性感迷人,而且能让胸部愈发高耸挺拔。80年代也是身材圆润饱满——一如既往的结实紧致——的女性形象回归的时代。无论是带钢托的,还是半罩杯、全罩杯的连体泳衣,都饰以荧光、印花或斑纹。意大利的女性则倾心于饰有金银铂片或金银丝的闪闪发光的面料,此类面料给她们在沙滩上的身体带来一种光彩夺目的魅力。有些女性还会在腰间或脖子上加一条饰带。半露半掩的连体泳衣,通过对某些身体部位的欲露还遮,营造出性感撩人的效果。

到90年代,女性重新定义了性感的身材。她们炫耀紧致结实的身材,但也毫不犹豫地弄虚作假。神奇文胸(Wonderbra),有着丰胸效果的知名文胸品牌,和同一时期普及开来的整形隆胸争妍斗艳。胸部受到人们的高度重视,胸垫或衬垫也被加入到泳衣的胸罩里。进入21世纪之后,泳衣更是令人眼花缭乱,从三角杯胸罩,到抹胸,层出不穷,同时也不落下连体式泳衣,甚至还出现了对抗顽固脂肪堆积的泳衣——它们的纺织纤维里含有一种陶瓷粉末,可以吸收身体散发出的热气,热气折返回皮肤后,能促进血液的微循环,达到去除橘皮组织的效果。

21世纪前十年,形形色色的泳衣向女性主义者提出了新的挑战。无论泳衣是何种样式、颜色或图案,其所瞄准的依然还是女性的身体。泳衣总是处于操纵之下,人们对它的感受决定了它的穿搭和对于自我的认同。

新自由主义下的后女性主义？

1968年"五月风暴"过去四十年后，大西洋两岸蓬勃发展的女权运动都发生了改观。从英国的《泰晤士报》《每日镜报》《每日邮报》《卫报》，到美国的《纽约时报》《华盛顿邮报》《芝加哥论坛报》《华盛顿时报》，这些报刊的报道都显示，不仅女性主义者激进的思潮随着时间流逝而逐渐被忘却，有关男女平权的讨论自60年代后也不断地去政治化、去激进化。虽然我们看到有关身体的问题在当前女性主义的背景下重新获得关注，但某些思潮从本质而言至少可以被认为是新自由主义的。事实是，女性主义是从一种备受传媒支持的（新）自由主义的政见中发展起来的，而传媒同时又鼓动女人崇尚消费行为，注重和呵护外观容颜。女性报纸杂志每年从4月份起，就开始为夏天做准备，极力主张女性魅力、驻颜养容和瘦身塑形。从1990年至2010年，诸如工作、战斗、政治、文化之类的女权运动主题都让位于对身体的指令。个人的体验不仅优先于群体的感受，也优先于继续争取消除男女不平等的努力。女性和身体之间的关系在这一过程中也发生了变化。快乐必须包括（超）爱自己的身体。新闻媒体在探讨穿着泳衣出现在公共场合之下的女性身体时，往往将之视为一种消费品。身体成为政治经济学拼图中的一块拼版。它应该被重新归还给女性，而不是被卷入新自由主义之中。[15]

素人改造真人秀可以清楚地显示女性身体所面临的全新压力。这些真人秀以女权论和重新赢得个人身体的自主权为幌子，提倡女性根据西方的审美观重新管理她们的身材。对于形象的打造似乎成了构筑女性身份和衡量女性社会价值的关键。后女性主义为此类形象改造的节目创造了空间：这类节目不仅得以存在，并且主张建立在消费模式之上的、统一化的性别构建。[16]安吉拉·默克罗比（Angela McRobbie）把后女性主义描述成一种新型的反女性主义，而非女性主义的一种纯粹的反弹或倒退。[17]事实是，身体可以（重新）改造和（重新）管理的时尚就像一种日常准则一样被树立了起来。后现代主义和后女性主义鼓吹一种对于"我是谁"的个体自省意识，而这种意识又以（女性）身体印象、自爱的重要性和自我价值为中心。女人们于是受到鼓动，改造她们的外在形象，并根据真人秀——由一些素人出演——里的忠告管理她们的形象。在这样的电视节目里，天生的身形不受到赏识，另类的女性美也得不到表现，身材的不足都被一一标示出来。此类节目最终导向女性身份的一元化和标准化，这与后女性主义所提倡的独一无二的个体性，以及对于"你是谁"所具有的与众不同的情感背道而驰。至于穿上泳衣的女性身体，那既是完全的自我接纳，又传递出一种社会价值观和社会准绳。

收复权力

自我客体化[1]的理论认为，肥胖的污名化和纤瘦的社会文化标准对身体形象会产生消极的影响。在一次研究实验中，实验对象，都是美国人，有白人、黑人、拉美裔、亚裔，男女各若干人，他们被要求分别在监控的情境和自我客体化的处境下依次穿上羊毛套衫和泳衣。无论是身穿泳衣，还是身穿羊毛套衫，他们的自我感受都是消极的。这一研究揭示，在压力环境下，无论人们穿什么衣服，

---

1 又称自我物化，即从第三者的角度把自己的身体当成物体一样定义和评价，并习惯性地审视自己的身体。

都会觉得窘困无助。因此，问题并不在于身形的展示、服饰的大小和款式，而在于自我的客体化，在于对自身的评价。[18]

另一项研究则对《体育画报》泳衣特刊中女运动员和女时尚模特的照片进行比较。在1997年至2011年的照片里，人们特别留意了四项摄影参数：摄影的角度、脸部的表情、身体的展示，以及双手的摆放。研究结果表明，性感指数在女运动员和女模特之间几乎没有差别。女人一穿上泳衣就显示出的性感和她们的身份并没有关系。无论是笑容、姿势，还是眼神，运动员和时装模特都表现出同样的曼妙。[19]

另一类身手矫健的人物——超级英雄——在20世纪和21世纪之交回归银幕，引人注目。神奇女侠（Wonder Woman），这一创作于上世纪三四十年代，以抵抗纳粹暴政为内核的漫画人物，与超人、蝙蝠侠一起，成为美国DC漫画公司旗下期刊《侦探漫画》里"三位一体"的超级英雄组合。她的故事从1941年一直连载至60年代。这位身穿泳装铠甲的超级女英雄，持有神奇的真言套索、耀眼的守护银镯和星光飞冕，最终成为多层面的文化偶像。20世纪末，许多重新翻拍的电影纷纷上映。即便众多翻拍作品都揭示出神奇女侠和捆绑、束缚场景的关联，但它们常常忽略了她出自亚马逊女战士的一个部落，以及她所象征的美德和正义。她的作战表现并不受身上饰物的妨碍，而正是多亏了她的银手镯、靴子和泳装，她才能在战斗中取胜。因此，比起简单地分析性感化的身材，对这位超级女英雄的身体进行框架分析要复杂许多，而我们从中也可以看到女性主义所诉求的一种超能力。[20]

20世纪下半叶，泳衣出现了很大的改变。它象征着一场身体解放运动，而对身体的认可又随着泳衣的尺码、布料的多少发生改变。每个国家的政治、经济环境不尽相同，有关身体的政治学不同程度地受到影响。此外，长达多个世纪对于女性及其胴体的恐惧，不仅让这一身体不断被污名化，也让它在父权社会中依然受到男性的操纵。这也就是为什么泳衣后来进入到一种情色化的发展阶段。不过，20世纪50年代以后，女性的身体还是获得了一种更实在的客体性；而且，即便世界各地的海滩景致各不相同，但总体上依然有一股支持女性自由的潮流在涌动。

第九章 当下的问题

当下的泳衣行业

当前,泳衣行业发展良好,并没有像某些人预测的那样走向销声匿迹。这一行业在两大方面还有创新的空间:环境与健康。

适量晒太阳

尽管阳光的负面影响众所周知,但是它的危害性依然没有引起足够的重视。因此,有必要研究药妆行业生产的防晒霜和纺织行业生产的泳衣所使用的面料之间的关系。科学研究表明,过于频繁地暴晒于健康不利,人们的习惯故而相应地出现变化。而在几十年前医生们就已预见,80%以上的皮肤癌都和过多地暴露在紫外线下有关。[1] 由紫外线A、紫外线B和紫外线C组成的太阳光,被列为对人类具有明显致癌性的物质之一。当紫外线A和紫外线B的含量低于造成皮肤晒伤红斑的含量时,会损害皮肤的细胞。紫外线的致癌影响因而成为一个危险的指标。人工紫外线照射(室内美黑)和天然日光浴的结合,对于健康毫无益处,这一做法因而受到强烈劝阻。[2]

皮癌（即只触及表面皮肤的癌症）和黑色素细胞瘤是紫外线照射可能导致的两种类型的癌症。后者是黑色素细胞、基底皮肤细胞形成的恶性肿瘤；前者在皮肤癌的比重中高达90%。皮癌的治疗效果甚佳，不过会留下疤痕。这类皮肤癌往往和生活中长期暴露在阳光下有关。至于皮肤黑色素细胞瘤，则要更严重：它们看上去很像黑痣，但形状不规则或者颜色不均匀，而且癌细胞很快会出现转移。2017年，法国有15404人罹患黑色素细胞瘤，1783人死于这一癌症。三分之二的黑色素细胞瘤都和过量的日晒有关。在法国，（各种原因造成的）皮肤癌的新病例每年高达80000例，这一数字使之成为最常见的癌症。[3]

这一重大的公共健康问题改变了人们的行为习惯。海滩上阳光最毒辣的时间段里，游客们减少日晒。比起防晒霜，美黑油的使用明显减少。泳衣厂商也开发出特殊面料的长袖连体泳衣——尤其是面向儿童的泳衣——以阻挡紫外线B。与此同时，市面上也出现了防晒伤泳衣，比如Spinali品牌推出的防紫外线泳衣。[4]这类泳衣配有内置的紫外线感测器，使用者根据其皮肤类型设定参数值。当在阳光下停留过久，使用者就会在他的智能手机上直接收到"涂抹防晒霜"的提示。

同样，为了满足不同消费者的需求，泳衣生产商还生产出无痕晒黑泳衣，比如SunSelect品牌的泳衣面料，据称含有80%的高端聚酯纤维，一方面防止皮肤晒伤，另一方面又能被弱强度的紫外线穿透，从而达到在泳衣下晒黑皮肤的效果。

然而，根据南特大学药妆学教授洛朗斯·夸法尔（Laurence Coiffard）和赛琳娜·库托（Céline Coutequ）的研究，销售给大众的防晒产品依然存在很大的问题。药妆行业也存在打着环保、健康旗号的"有机"产品，而当这类产品涉及日晒时，并非没有弊害。

使用对于消费者而言具有虚假性的配方，或者巧妙规避监管，此类做法也并非个例。[5]因此，穿上泳衣晒太阳时，最好还是要小心。

高污染泳衣的环保转型

泳衣市场开启新的变革，且依然存在不少挑战，皆因泳衣中使用了高污染的塑胶材料。人们为了追求时尚而不断购买泳衣，这对于地球环境而言不啻为一种灾害。

在法国，2016年泳衣行业的销售额高达5.583亿欧元，这意味着泳衣销售额在三年内增加了13%。多种因素促进了泳衣行业的蓬勃发展。首先是出行成本降低，人们所费不多就可以去阳光明媚的地方度假，甚至是在深冬季节，泳衣故而全年都可售卖，11、12月所占12%的销售额便是由此实现的。此外，水疗、海水浴疗的发展也增加了泳衣的销量。水上自行车和赛艇等水上运动的飞速发展也在推波助澜，因为新加入这些运动的人士必须自行配备泳衣和相关装备。最后，一件式连体泳衣强势回归，尽管它的价格更高，但是在女人的衣橱里，除了通常的两件式泳装外，也得有它的一席之地。

在新冠疫情之前，泳衣市场一直处于高速发展阶段。但显然，封城和边境关闭造成了泳衣销量的骤跌。2020年，泳衣生产大国西班牙的销售额下跌了41%。不过，泳衣市场的全球销量依然高达168亿欧元。短期的预测显示，到2027年，这一数值将达到276亿欧元。[6]因此，泳衣制造业对于许多国家而言都是一个大的产业。在西班牙，泳衣业产值占国民生产总值的2.6%，直接的工种有2000类，产品主要出口欧洲市场，其中超过一半的数量集中销往法国（19%）、葡萄牙（19%）和意大利（17%）这三个国家。疫情期间销量的减少促使厂商继续努力保持产品的竞争力，这种努力主要体现在重视泳衣制造对于环境的影响之上。

因此，在泳衣生产这一高污染产业中，环保成了趋势。泳衣的生产面料通常是由石油衍生出的化合纤维、尼龙（聚酰胺）、聚酯纤维和氨纶，这些石油衍生制品对于环境的危害众所周知。尽管它们可以暂时缓解全世界天然纤维的短缺，并且又以低廉的成本和特有的属性（结实、易打理、有弹性）而胜出，但是在洗衣机里清洗时会释放出许许多多的微塑料（纤维），而家庭用水最终会流向河流和海洋。据估计，在所有排放入大海的微塑料里，纺织制品贡献了总量的35%。泳衣的选择因此成为一种"公民的姿态"。泳衣厂商对此自然十分清楚。

一直以来，泳衣行业无论是在生产制造，还是在可持续发展上，都具有很强的创新性。对于当下的生态（负责的）纺织品潮流，该行业自然懂得因势利导、破浪前进。当前的主流做法是通过回收化合纤维来减少对于生态环境的影响，还有其他一些方法也取得了很大的进展。这一切都表明，全新的环境问题将切切实实地改变纺织工业。西班牙的制造商Seaqual 4U开发出了一种由深海回收的塑料垃圾转化而成的纤维。虽然这依然是聚酯纤维，但回收加工无疑是纺织业的主要趋势。还有一些企业则回收尼龙废料——往往来自渔网——以此生产出更加环保的纤维。也有一些企业回收由聚对苯二甲酸乙二醇酯（PET）制成的塑料瓶，再进一步加工生产出一些新纤维原材料，比如日本帝人集团（Teijin）的再生聚酯纤维（Ecopet），美国Unifi公司的再生涤纶（Repreve）和莱卡公司的回收再生纤维（Lycra T400 Ecomade）……2020年，总共有5770万吨聚酯纤维用于生产制造，其中14%是回收再生的聚酯纤维[7]，后一数字与2010年相比上涨了5%。另外，随着生物基材料和仿生材料的发展，一些全新的纺织原料也面世了。生物合成纤维已经用于生产某些服装，譬如休闲服。而由蓖麻油制造出来的聚酯氨纤维，或者以玉米淀粉为原料合成出来的聚酯类新纤维（PPT），同样显示出它们的成效。

环境责任这一时尚并非泳衣行业所特有，但由于水上运动所处环境的特殊性使然，该行业存在更多热心于环境保护的人士。冲浪运动爱好者和其他水上运动达人就受益于这一环境责任时尚。不过，西班牙企业联盟指出，在全球生产的泳衣中，仅有20%可以被视为是环保的，其中又只有约2%的泳衣在制造阶段符合环境和人权责任原则。原料、生产场所、耐氯漂染料……泳衣生产过程中的众多步骤都饱受非议。

狂热的新自由主义经济带来时尚的快速发展，泳衣也卷入其中，它成为一种日常的消费品，而非仅限于游泳用品。人们对于经济增长的信心，经济发展作为社会支柱的重要地位，以及形象文化的突飞猛进，都构成了人类攫取环境资源的主要原因。泳衣，尽管是如此的纤小，也踊跃地投入于这一发展体系里。

泳衣加身：身体的一种超文化？

与资本主义经济和新自由主义经济有着直接联系的保护消费者权益运动，为厌恶他者和厌恶自我提供了工具。化妆品、服饰、美容整形的发展趋势，一方面通过建立起固定的模式和同质化的身体，定义着社会认同的标准；另一方面又在叩询着通往美丽的道路。美丽的身体不仅被神圣化，而且在消费的驱使下成为信仰。这便是20世纪下半叶和21世纪初期的症结。人们看到的是两种截然相反的极端现象：超级性感化的身体和包裹得极其严密的身体。在分析这一现象时，泳衣——最为暴露的服饰，便构成了一个有趣的滤镜。

女性的身体之美有着双重性格。女人们热情地拥抱它，视之为填补精神空虚的一种方式——随着女性与宗教权威的传统关系的消解，也随着全球化经济秩序的建立，日常的网购逐渐取代了大部分的休闲娱乐，人们精神上的空虚逐渐显现。与此同时，审视的目光和审美的标准，监督着女人的三围，以及她们的购买行为——促进经济增长的消费义务，爱国的表现。女性的身体，在经历了多个世纪的歧视与父权制的摧残之后，在从今以后致力于拜物主义（即消费主义）的世界里，又一次首当其冲。

21世纪初的怀疑论，一触及女性美，便烟消云散，但这一次似乎轻而易举地给出了真正的美的标准。散布公式化的真正的美——或真正的丑——的社交网络，无论是在赞美还是诋毁，它神奇的力量似乎把每一种关于女性美的全新定义都变成经久不衰的真理，而这正是20世纪初以来女性身影在公共空间日益凸显的不幸之一。伴随着女性对于平等权利的诉求，她们的"义务"却变得越来越多，那便是美的责任：化妆、脱毛、平坦的小腹、蜜桃臀、长腿、光泽的长发……上传在社交网络上的美女泳装照，正是对这一连串指令的典型回应。

乌托邦的时代

女性在身体上赢得的权利本应可以出现在品牌的时装秀场上，模仿效应本应可以推动富裕阶层展示出关于两性平等、多元化的美等价值观，这一阶层本应能够以身作则。然而，事实并非如此。

内衣品牌"维多利亚的秘密"，是女性身体的破坏者之一。这家1977年成立于旧金山的企业，构想出一种全新的女性魅力，并将其深植在它商业形象的DNA中。除了销售平价和高端内衣之外,"维密"从2012年起开始销售泳衣。早在1995年,该品牌在纽约举办了第一届时装秀,从此声名鹊起。此后,它在全球都开设了专卖店。通过它的"天使们"(该词在1997年第一次出现在一则广告里)的走秀,"维多利亚的秘密"不断打造它的声誉。超级名模纷纷为它摆拍和走秀,其中包括海伦娜·克里斯坦森(Helena Christensen)、泰拉·班克斯(Tyra Banks)、纳奥米·坎贝尔(Naomi Cambell)、伊娃·赫兹高娃(Eva Herzigová)、吉吉·哈迪德(Gigi Hadid)、吉赛尔·邦辰(Gisele Bündchen)。每年的维密时装秀都是一场非同凡响的演出,流行歌手,如贾斯汀·汀布莱克(Justin Timberlake),纷纷为其走秀献唱。演出还会在美国哥伦比亚广播电视台(CBS)、美国广播电视台(ABC)和法国的巴黎电视一台(Paris Première)陆续播出。维密"天使们"标榜的是一种超级火辣性感又极其骨感的女性形象,她们展示出的是女性忍饥挨饿的身材,维密品牌也为此饱受批评。批评人士尤其谴责它利用一种软色情、有违道德的营销方式。然而,这并未能阻止该品牌为其2014年的时装系列采用"完美身材"这一广告标语。事实是,时尚模特的三围被公认为完美的比例,而所有的维密"天使"都拥有一副相同的身材。这种既无多样性,亦无包容性的身形,使该品牌常常背负上身体羞辱与歧视的指控。[8]

  几十年来,"维多利亚的秘密"乘着色情时尚的浪潮,推崇一种瘦削、性感的女性身材。70年代早期在美国开始出现的色情时尚,随着"精心制作的"情色电影长片传播开来。到20世纪末,时尚变得乏善可陈,色情时尚风格便又卷土重来。这一潮流尽管受到诟病,但追捧者亦大有人在。在时装模特、时尚主编、设计师卡琳·洛菲德(Carine Rotifeld)的助力之下,汤姆·福特(Tom

Ford），一名来自美国得克萨斯州的设计师，成为这一时期鼓吹极度性感化身材的代表人物。1990年至2004年，这位得克萨斯人在担任古驰集团艺术总监期间，把色情时尚作为他的市场营销策略，发起了极具冲击力的广告攻势。裸体以及暧昧而又恣意的性是这些广告的中心。那幅一名女性跪在男模特前面佯装口淫的广告海报，尤其令人印象深刻。其暧昧造型受到谴责，人们认为那是在宣扬对女人的摆布或物化。[9]

在医学界，如果为了宣传某一行为有害于健康而使用体重超轻的年轻女性的形象，就会被起诉。然而，时尚业似乎完全不受制于行业道德标准。这一产业的首要受害者便是女性，她们先是在心理上，然后又在身体上备受其害。时尚业所鼓吹的梦幻形象造成的女性自我价值感低下和饮食紊乱等问题，在世纪之交变得前所未有地严重。在宣扬不健康且不切实际的审美方面，一些美容整形外科医生也在推波助澜，他们可以为客户凭空打造一些饱满部位。他们刊登在《纽约时报》上的整版广告，或者竖立在购物中心的广告牌，赫然出现的不仅是一位身穿泳衣的当红模特，更有简易贷款和低额月付的字眼；这清楚地表明了女人的乳房只不过是消费品，就像其他商品一样。

泳衣，经过几百年的抗争才赢得今天的地位，却又被卷入这一性感时尚风暴。生产商、广告商、网络明星、媒体，都为了经济利益而篡改女性权益的进展。因此，正是在如今这一新的"上帝的名义"之下，穿上泳衣的女性身体备受折磨。

女性身材的超性感化、身体越来越物化的现象，溢出了西方文化的范围。近些年来，为了抵制这股潮流，遮掩女性身体的服饰重新兴起，譬如布基尼，种种利害关系和争议都聚焦在这一女士泳装之上。

受到质疑的遮身服饰和头巾

布基尼是一种遮盖全身并配有兜帽的泳衣。许多人以为那是穆斯林女性的传统泳装，事实上，是一位黎巴嫩裔的澳大利亚女设计师阿赫达·萨那蒂（Aheda Zanetti）在2006年为穆斯林女性设计了这款泳服。如果说在澳大利亚，人们普遍都接受布基尼，那么在欧洲迎接它的则是许许多多的敌意。布基尼十分接近维多利亚时代遮身裹体的海水浴服，这一掩饰女性身体的服饰风格自20世纪初就在西欧销声匿迹了。因此，当一款将女人从头裹到脚的泳装重新出现时，必然会引起许多争议。[10]

为了让布基尼成为女性在泳池、海边等公共场合穿着的泳装，一些穆斯林想要赋予它传统的标志，也有一些穆斯林持相反意见，他们不希望布基尼成为穆斯林妇女的泳装，要么是因为他们认为布基尼并不是伊斯兰教规定的服饰，要么是因为他们觉得必须与时俱进，接受"现代性"——穿戴暴露的游泳装束。还有一些人，在男女平权的战斗还远远没有取得胜利的时候，认为把女性身体严密遮掩起来的服饰对他们而言是难以接受的。至于那些极端保守的人士，则认为布基尼存在不足：它会鼓动女人们去游泳，或者经常去海边游玩，所以女性应当避免穿戴这一装束。更有某些人士批评布基尼造成了一种危险的成见，即把某些特殊的服饰强加在穆斯林身上。

总而言之，既然布基尼引起了宗教、女性主义和政治上的解读，那么它首先具备了一种符号的意义。它质询一个民主社会的包容度，也同样质询可能危及世俗国家的伊斯兰极端主义趋势。在这里，我们不回答这些质询，因为确切说来，在阐明幕后操纵者和隐蔽成见的同时，探究布基尼的历史和政治背景具有重要意义。

诞生于冲突之中的布基尼

在澳大利亚，移民政策、中东移民人数的上涨、一系列反恐措施，以及2002年的印尼巴厘岛爆炸案，促生了当地人与外来移民的紧张气氛，在此背景下，2005年，一些澳大利亚人聚集在悉尼的克罗纳拉（Cronulla）海滩，他们占领了这一据称十分国际化的海滩，高喊种族主义口号；与此同时为了举行一些"纯种"澳大利亚人的集会，共有27万条手机短信被发出。随之而来的是骚乱和暴力事件。两年之后，澳大利亚政府做出强调开放与包容的决策，并在澳大利亚冲浪救生协会（Surf Life Saving Australia）内部，推出了一项招聘和培训移民救生员的计划。第一批招聘的22名移民救生员分别来自利比亚、叙利亚、巴勒斯坦和黎巴嫩。男性救生员都接受了发给他们的泳装制服：由一条短运动裤和衬衣组成。然而，泳衣被认为对于穆斯林女性并不适宜。澳大利亚冲浪救生协会于是请设计师阿赫达·萨那蒂设计一款只露出女性的手和脸的遮身泳装。萨那蒂后来在她的网站上售卖此款新泳衣，并把"布卡"（罩袍）和"比基尼"两个词融合在一起，为这一泳衣取了"布基尼"这一众所周知的名字。在当时的线上销售网页上有这样一句设计者言："我们的服饰设计尊重伊斯兰教的道德规范，并旨在改善积极活跃的穆斯林女性的生活方式。"[11] 从那以后，她主要强调"适度时尚"（modest fashion）[1]。

诚然，布基尼并没有从《古兰经》的经文里找到它的根源，某些伊斯兰教派也并没有接受这一泳衣——他们倡导的是男女分开的泳池。譬如，埃及爱兹哈尔（Al-Azhar）大学伊斯兰教哈乃斐神学派的学者们就认为，女人在一个男女混合的场合身穿布基尼或者其

---

1 一种强调宗教文化传统的服饰时尚，遵守宗教的规范和要求，以伊斯兰风格为代表。

他任何被称为"伊斯兰教泳服"的遮身泳装，都是不能被接受的。相反，在女性之间，着装就完全不重要。可见，引导女性在公众场合的行为举止的，是性别区分的眼光。

与布基尼相关的论战在媒体上频频出现。2007年，在比利时特姆塞（Temse）公共泳池，两名陪伴着她们的孩子的移民女性，不得不离开泳池，原因是她们的打底裤、长袖T恤衫和面纱被认为"不合适"。一位市议员在表明立场时指出，出于社会融合的考虑，接受穆斯林女性的衣着很重要，这能避免她们"被关在家里"。他还认为游泳，以及与其他女性经常性的接触，也许是一种自由的伊始。一年之后，在荷兰，又发生了两名摩洛哥女性由于身穿布基尼而被请出公共泳池的事件。

各个国家的地缘政治、宗教和历史背景影响着它们对于布基尼的反应。在美国，有的地方禁止布基尼，有的地方则允许，各州的标准不同。在英国，尤其是在伦敦，布基尼被认为是保守、不适用的服饰，几乎没有女性会穿上这种把身体严严实实地遮掩起来的泳装。而在法国，围绕着布基尼展开的论战也许是最激烈的。

多向混乱

在法国，关于布基尼的论战是在头巾之争愈演愈烈的社会背景下展开的。约翰·鲍恩（John Browen），圣路易斯华盛顿大学的人类学教授，以及多元化、政治和宗教项目的负责人，曾就法国的宗教符号问题，尤其是"头巾之争"，发表过见解深刻的论著。法国公众对于头巾的争论惹人注目，不仅席卷了政治圈子，也席卷了咖啡馆角落。[12]一块头巾掀起了一系列全国性问题：排犹主义、宗教激进主义、教室秩序的崩溃，以及贫困郊区的日渐"贫民窟化";这些都是摆在法国人面前的难题。无论是反对头巾,还是支持头巾,人们都陷入了激烈却狭隘、两极对立的讨论中。约翰·鲍恩则在思考,对于迫使穆斯林女孩在把她们的头巾留在家里和本人离开学校之间做出选择的法令,如何会被视为社会融合的一项要素。与此同时,他也探讨了这一民族性的法律对全世界女性产生的影响。他一一剖析出法国这项立法的必要依据:宗教和国家之间的特殊历史关系,公立学校所肩负的厚望,关于公民和社会融合的观念(以及伊斯兰教对这些观念提出的挑战),挥之不去的沉重的殖民地历史,电视媒体在形成大众舆论中的作用,传承自启蒙时代的普世理想,以及认为一项法律一旦通过就会行之有效的意向。[13]

鲍恩做了一项"从人类学的角度探讨大众思考"的工作。在这一研究之下,政治哲学、大众政治和常识之间的关系变得一目了然。然而,这并不能解释为什么戴头巾的穆斯林女学生的出现成为争论的主题。在鲍恩看来,法国文化在强调民族同化和社会的世俗性的同时,也在担心恐怖主义的抬头,而头巾则恰好代表了这一文化隐忧。伊斯兰教在公共空间和政治上的逐步发展从一定程度上解释了法国对于头巾的这一反应。

最后,鲍恩在其著作中阐述了法国社会存在的三大忧患:族群的发展危及社会的多样性,国际"伊斯兰主义"在法国的影响日渐增强,贫民区女性备受歧视;政客、学者和媒体都把它们和头巾联系在一起。作为人类学家,鲍恩还分析了媒体、哲学和政治如何联合起来,推出一项法律。在他看来,对于社会存在的症结,法国倾向于从法律上寻找解决方案,并以立法的形式来训诫国民。斯塔西委员会(la commission Stasi)2004年的报告就以世俗化和信仰自由之名,提出了禁止头巾和其他宗教符号出现在学校、医院、监狱等公共场合。该委员会的成员坚信法律在保护个体,尤其是在保护不愿意戴宗教头巾的女性上的重要性。通过对这一问题的极尽夸张渲染，媒体不仅扭曲了穆斯林在欧洲的形象，而且也助长了纷争。

关于穿戴裹身衣物和头巾，首当其冲受影响的是女性，但是女性的声音，无论是关于头巾，还是关于布基尼，却基本听不到。

女性权利的暂缓？

2016年8月，关于布基尼的论战在意大利出现。哲学教授多纳泰拉·德·切萨雷（Donatella Di Cesare）在《晚邮报》（*Corriere della Sera*）上发文宣称，"遮掩一个女性的身体，这是在践踏所有女性的尊严"。在她看来，布基尼是一种"侮辱性的禁闭"，它只是布卡（罩袍）的一种衍生品，而后者把女人从"建立在面对面的交流之上的社会"中排除出去。[14]洛蕾拉·扎纳多（Lorella Zanardo），女权激进人士和纪录片《女性的身体》的导演，持有类似的观点："我是左派人士，我是女权论者，我支持开放边界，但我也支持穆斯林女性摆脱她们的樊笼的权利。"

不是所有的女权论者都有着整齐划一的想法。年轻一代中的一部分人，她们诉求的是一种交叉性的女权主义[1]，她们认为无论女人的装束是否严严实实地遮掩全身，她们都有权按照个人的想法穿戴。然而，正如我们已经看到的，规则在很大程度上是由男性设立的，进步是在艰难中获得的，掩藏在个人选择之下的动因在政治层面有着至关重要的影响力。无论如何，倒退总是会令人不安。"自从中世纪以来，区分男人和女人的外形装束都是为了说明性别的不

---

1 在交叉性女权论者看来，女性在诸多方面都不尽相同，譬如种族、阶级、身材，甚至性取向，因此她们强调的是如何在承认差别的同时，为整体女性争取权益。

平等。一种对于个体的道德控制和性别限制就确确实实地发生在服饰之上。"[15]经济的、社会的、政治的危机首先冲击的是女性，譬如新冠疫情就表明，女性的工作大多并不稳定，她们是首批被裁的雇员或者首批尝试远程工作的员工，同时还深受家庭暴力的困扰。[16]

因此，重新思考、整合以及具体区分对于女性身体的评价，变得尤为关键。维护女性权利的运动应该建立在一种非竞争性的美之上，并且要牢记即便是最寻常的情形都有可能损害女性身体的自由。与此同时，必须为其他女性着想，维护弱势群体，以及致力于一种持久的解放。哗众取宠和长篇大论无非是从政治上编排和粉饰出某种女性苦难。对于女性身体无休止地说长道短，以及评头论足的目光都是某种形式的压制。因此，重要的是拒绝会让女性陷入竞争或敌对之中的现行体系。

金色泳衣加身的抗议？

选美大赛是典型的女性竞技场，也是让女权论者产生分歧的话题之一。不过，参加选美的女性难道不能重新掌控她们的身体展示吗？

2017年秘鲁小姐选美期间，参赛选手便是这般做出了决定：在应该报出个人三围数字的环节，她们分享了一些令人触目惊心的，和女性相关的暴力事件的统计数字：

> 我的名字是卡米拉（Camilla），我的三围是：过去九个月内，据报道，在我的国家发生了2202起残害女性的案件。
>
> 我的名字是萨曼莎·巴阿拉诺斯（Samantha Batallanuos），

我代表利马，我的三围是：每十分钟就有一名女孩死于性交易。

我的名字是胡安娜·阿塞维多（Juana Acevedo），我的三围是：在我们国家，有超过70%的女性遭受过街头性骚扰。[17]

这一选美赛事传遍全球，因为观看比赛节目的观众非常之多，参赛选手故而选择在身体展示和观赏环节发出抗议的声音。即便人们认为选美大赛很肤浅，但各位候选佳丽，她们并不肤浅。她们不仅展示美好的身材，也发出重要的声音，美故而可以使人对现实感到不安。而这正是组委会想要表达的：二十三位候选佳丽代表的是所有的秘鲁女性。在十三位身穿金色泳衣的决赛选手身后的屏幕上，播放着关于女性遭受暴力或性侵的新闻标题和图片。就在这一抗议活动发生前不久，美国爆发了反性骚扰运动MeToo，并引发了一系列抗议性侵、性骚扰及针对女性的暴力行为的斗争与游行。

有人认为身体的展示、观赏不能成为争取社会正义的平台。体重目标、西方的审美标准，以及自我价值的削弱，都可以被理解为粗暴的种族主义和性别歧视的工具。泳衣加身也许因而削弱了话语的影响力。

支持受到操纵的美的追求，对于一部分女性主义者而言，无异于赞同女性地位的低下，尤其是智力的低下。当完美的身材成为重中之重，女人还剩下什么呢？难道女性不能兼有身材和思想吗？不能在思想指导行动的同时接纳自身的形体存在吗？

尽管时尚业同质化的力量非常强大，一些重要的学术著作还是指出了审美标准和（发型、化妆品、服饰）时尚不仅推动创新，还拓展了对于美的多样化认知。[18]正是在时尚业求变的力量（甚至是必要性）之下，创新得以出现。

结　论

认识与重新认识：从水到女人的身体

　　首先要克服对于水的恐惧。有关海水的描述曾经令人毛骨悚然：危险，不祥，腐臭，水手的葬身之地……下水，令人联想到许许多多不幸的遭遇。无论是拍岸飞溅的海浪，还是丛林深处的湖泊，都令人深感不安。对于水的征服，则是能力的象征，譬如架设引水渠的工程师的才干，以游泳技能摆脱敌人的士兵的本领，甚至15、16世纪驶向新世界的小吨位快帆船的威力……而将普通百姓与水的距离一再拉近的，则是医学知识和科学技术的深入发展。正是由于18、19世纪的医学进步，尤其是公共卫生与健康领域的发展，水才得以进入城市生活。

　　对于女性——并非那般的懦弱无能——而言，争取沐浴泡澡或下水游泳的抗争本会更加艰巨而长久，但科学知识再一次让人们抛弃了种种传说、神话和谎言。在把女性的身体从各种禁忌中解放出来的路上，布满了各种障碍，第一道，也是一切障碍中最大的一道，便是生而为女人这一事实。女人"天生的"种种缺点、不足和低下的能力，都让她们的身体不能背离生育的范畴。无论是恶毒的巫婆，还是卖火柴的小女孩，女性长久以来都被视为一种低等性别。女性的身体摆脱束缚始于工业化时代：自启蒙时代以来，人们对于舒适和幸福生活的憧憬逐渐流行开来，新生的消费社会促进了休闲娱乐活动的发展，也由此促发了泳衣的问世。19世纪，更加舒适的日常和生活水平提高的前景不断展现，与此同时出现的是人们对逃离城市的肮脏与恶臭的渴望。

女性必须迎击以男性为中心的社会所建立的目光审查，才能穿上更舒适、更实用的泳衣，而不是一件长内衣加一条长裤，再加一件长袖上衣的"泳装"。事实是，男女隔离的做法在很大程度上是以所谓的男性会受到女性的诱惑作为理论依据的。女人，既无法自持，也无法自控，必须为公共场合出现的混乱、她们的丈夫蒙受的耻辱和家庭的破裂负责。限制她们的出入，让她们深居简出，似乎成了社会安定的保证。真正改变局面的，是从19世纪延续到20世纪的工业革命，它带来了社会、政治和经济的剧烈变革，女性也积极投身其中。主张妇女参政的人士冲锋陷阵；女性享有平等的政治权利，尤其是投票权，尽管从时间而言各个国家不尽相同，但还是促进了对于女性出现在公共空间的认可。

休闲娱乐在女性解放运动中也起到了一定的作用。好莱坞和它的明星们大力传播海边的美女形象。至于体育运动，女性游泳健将取得的辉煌成就推动了游泳有利于健康的观念，这又减少了有伤公序良俗的谴责。不过，昔日以男性竞赛发展的模式来管理或指导女性游泳，依然是一种控制的方式：女人们不能领导、指挥或管理自己的体育运动的体系化发展。枷锁从来就没有远离。

身体解放的幻影

　　如果我们把古代妇女严严实实掩饰身体的装束和19世纪的泳衣，以及当今的比基尼相比较，女性身体的解放显然是事实。不过，比基尼这一两件式泳衣并不意味着完全的平等。从日历上的泳装美女到短视频里蜷曲着身体躺在大轿车发动机罩上的时尚模特，超级性感化的女性是20世纪的特征。然而，自从邪恶的女巫和卖火柴的小女孩以来，对于女性的鄙视终究没有出现很大的改观。泳衣常常受到指摘：不是布料过少、领口过低，就是细带过多、颜色过于鲜艳。总是太过——或者就是不够。

　　从19世纪末到两次世界大战期间，接待浴疗或游泳客人的公共场所越来越多，不过，对于每位前来的客人，关于身体的全新感受，以及对于身体反应的克制，却没有事先的规定或标准。第一次世界大战之后，风尚习俗进一步演变，企业也嗅到了新的市场商机，把泳衣打造成引领潮流的产品。浴巾、泳帽、平底人字拖、太阳镜、沙滩裙等泳衣周边产品纷纷涌现。20世纪30年代，海边休闲度假的时尚深入人心，涌向海边的人潮开始出现。不过，争议也随之出现：有失体面，违反习俗，扰乱公共秩序……在描述海滩上穿着"内衣"的女性的行为举止时，苛刻的言辞层出不穷。

　　在海滩上随心所欲地展露身体，这对于女性而言并非只有积极的一面，因为她们又要接受新的身体指令。体重首当其冲。20世纪初体重磅秤走入寻常人家故而并不令人惊奇。女人们审视、分析、研究、斟酌，甚至力图改变那些被视为难看的身体结构和线条，这是因为每当她们的身体处在大庭广众之下，就会被评头论足。尽管遍布社交网络的标准型男形象，以及男性对于体重的极大关注，都表明了打造完美身材的问题并不仅仅关乎女性；然而就身材标准和超性感化趋势而言，男性所受伤害相对而言要少得多。如今，每个人的嘴上都说着包容，但只要春天一来临，我们就会看到控制体重的全新饮食法和新的泳衣时尚同时登场。

对于生产泳衣的企业和品牌而言，身材标准实际上是生产体系中必不可少的一环。时尚行业、美妆和药妆行业，通过营销难以企及的完美身体，形成了"百慕大魔鬼三角区"：自我价值和真实迷失其中。不过近些年来，人们注意到一种变化，即女性把某些原本归属于男性的行为据为己有：自我展示也可以是一种自我接受的方式。

泳衣的赞歌

想象一下吧：沙滩上可爱的人儿，冰激凌，咸咸的海风，金色的阳光……令人恹恹欲睡的热浪。海水清凉，浪涛拍击着身体，阳光又将沙滩上的身体重新变得干爽，这些都是一段特殊时光的组成部分。它们让海边的游客摆脱了日常，卸下工作时的装束，暂别平日的通勤。和风沿着海堤一路吹拂，人们在海堤上品尝海鲜，甚至是腻腻的甜甜圈。这一切都构成了小小的快乐和特别的记忆。孩子们，玩沙的小霸王，在海滩上堆城堡、挖沙洞——海水很快涌来，一次又一次推倒重来。慵懒闲适的快乐，那是贵族享乐的延伸——无所事事的幸福。海滩上有稍纵即逝的灵思，有随性从容的交往，有轻松舒畅的身体，有也许永远不会出现在其他地方的浪漫邂逅。

穿上泳衣，这可以成为重新接纳自己身体的时刻，而不是窘迫不安、忍受评头论足的根源。无论是在海边，还是在泳池边，泳衣都赋予人们和他们的身体一种全新的密切关系。身体几乎一览无遗。空，而后满，身体的展示也能带来自我的接受。个人身形上的不足，最终成为一种共性。海滩上，不再有图片分享软件的滤镜。那是一种回归真实，回归身体现实，回归不应为之恐惧的肉身享受。泳衣，不仅与重新接纳自己的身体一脉相承，也可以具有政治上的意义，进而颠覆人们赋予它的肤浅或性感的特征。泳衣作为女性主义的符号——为什么不呢？

原书注释

前 言

[1] Foster Rhea Dulles, *America Learns to Play. A History of Popular Recreation, 1607-1940*, New York, D. Appleton-Century Company, 1940, p. 363.

第一部　泳衣诞生之前的身体
第一章　古希腊罗马文化中的水与女人

[1] Voir Alain Corbin, *Le territoire du vide. L'Occident et le désir de rivage* [1988], Paris, Flammarion, 2018, p. 12-17.

[2] Virgile, *L'Énéide*, Paris, Flammarion, 1993; Ovide, *Les Métamorphoses*, t. III, Paris, Les Belles Lettres, 1930.

[3] 希波克拉底（大约生于公元前460年）和他的同人撰写的医学专著并不全面，但总体而言结构相当严密，可以用于系统的研究。

[4] Voir Jacques Jouanna, « L'eau dans la médecine au temps d'Hippocrate », in Jacques Jouanna, Pierre Toubert et Michel Zink (dir.), *L'eau en Méditerranée de l'Antiquité au Moyen Âge*, Actes du 22ᵉ colloque de la Villa Kérylos à

Beaulieu-sur-Mer des 7 et 8 octobre 2011, Paris, Académie des Inscriptions et Belles-Lettres, 2012.

[5] Voir Tacite, *Annales*, Paris, Les Belles Lettres, « Collection des Universités de France », 1945, livre 14, chap. 22.

[6] Voir Doretta Davanzo Poli, *Beachwear and bathing-costume*, Modène, Zanfi Editori, 1995, p. 5-6.

[7] Les traités s'intitulent *Histoire des animaux, Génération des animaux* et *Parties des animaux*.

[8] Claude Mossé, *La femme dans la Grèce antique* [1983], Bruxelles, Complexe, 1991, p. 51.

[9] Voir Hésiode, *Théogonie, op. cit.*, v. 411 et suivants.

第二章 中世纪对女性的强烈排斥

[1] Voir Lucien Febvre, *Le problème de l'incroyance au XVIe siècle. La religion de Rabelais*, Paris, Albin Michel, 1942.

[2] Fethi Benslama, « Le voile de l'islam », *Contretemps*, 1997, 2/3. Cité dans Delphine Horvilleur, *En tenue d'Ève. Féminin, pudeur et judaïsme*, Paris, Grasset, 2013, p. 12.

[3] Pierre Bersuire, « Tite-Live, Histoire romaine », Manuscrit de la Bibliothèque Sainte-Geneviève, Ms 777, copie de 1370. Il traduit à la demande du roi Jean Le Bon les trois décades de Tite-Live (Ire, IIIe et IVe). Cité dans Charles Samaran et Jacques Monfrin, « Pierre Bersuire, prieur de Saint-Eloy de Paris (1290-1362) », *Histoire littéraire de la France*, 1962, t. XXXIX, p. 301-414.

[4] 在犹太教里,《塔木德》(口传律法)是书写成文的律法《妥拉》(*Torah*)的注释合集。它既是对律法的注释,也是伦理、道德的训诫。

[5] Livre des Psaumes, psaume 33, 6-7.

[6] Livre des Psaumes, psaume 74, 13-14.

[7] Livre de la Genèse, 1.

[8] Apocalypse, 21, 1.

[9] Livre de la Genèse, 2-3.

[10] Voir Chijika Kongolo, « Les lustrations d'eau dans les écrits bibliques », *Laval théologique et philosophique*, vol. 57, 2001, n° 2, p. 305-318.

[11] Évangile selon Marc, 7, 2.

[12] Lévitique, 14, 8.

[13] Épître de Paul aux Galates, 3, 28.

[14] Voir Jean Delumeau, *La peur en Occident (XIVe-XVIIIe siècles)*, Paris, Fayard, 1978, p. 199, note 341.

[15] Voir Adeline Gargam et Bertrand Lançon, *Histoire de la misogynie. Le mépris des femmes de l'Antiquité à nos jours* [2013], Paris, Arkhê, 2020, p. 199-204.

[16] *Ibid.*, p. 205-208.

[17] Livre de Daniel, 13.

[18] Deuxième Livre de Samuel, 11 ; Premier Livre des Rois, 1.

[19] Voir Soria Myriam, « Violences sexuelles à la fin du Moyen Âge : des femmes à l'épreuve de leur conjugalité ? », *Dialogue*, n° 208, 2015/2, p. 57-70.

[20] François Clément, « L'eau sous la langue et autres arabesques », *in* Jackie Pigeaud (dir.), *L'eau, les eaux*, Rennes, Presses universitaires de Rennes, 2006, p. 221-244.

[21] Voir Mohammed-Hocine Benkheira, « Hammam, nudité et ordre moral dans l'islam médiéval (II) », *Revue de l'histoire des religions*, 2008, n° 1,

p. 75-128.

第三章　恐惧，评估女性身体的工具

［1］Claudia B. Kidwell, « Women's bathing and swimming costume in the United States », in *United States National Museum Bulletin*, n° 250, 1968, p. 33.

［2］Pascal Brioist, *La Renaissance, 1450-1570*, Neuilly-sur-Seine, Atlande, 2003.

［3］Voir Alain Corbin, *Le territoire du vide. L'Occident et le désir de rivage*, *op. cit.*, p. 18-30.

［4］Cité dans Paul Sébillot, *Légendes, croyances et superstitions de la mer*, Paris, Charpentier, 1886.

［5］Voir Jean Delumeau, *La peur en Occident* (*XIVe-XVIIIe siècles*), *op. cit.*, p. 98-120.

［6］对于初期的基督教，"大淫妇"指的是罗马帝国。但是到了15世纪，新教徒们控诉的是罗马天主教，尤其是"教皇主义分子"。对于"大淫妇"的描述出现在《启示录》的第十七章："手里端着酒杯的七位天使，其中的一位前来对我说：'过来吧，我将把住在海岸边的大淫妇所受的惩罚指给你看。地上的君王与之行淫，地上的居民沉醉于她淫乱的酒。'我的思维随着他，来到荒野。我看到一个女人坐在一头朱红色的野兽上，野兽七头十角，遍身都是亵渎的名号。那女人身穿紫色和鲜红色的衣服，佩戴金子、珠宝等耀眼装饰。她手握金杯，里面盛满了可憎之物：她淫乱的污秽。她的额上写着名号，神秘难解：'大巴比伦，世间淫妇和可憎事物之母'。我又看见那女人沉醉于圣徒的血、见证耶稣之人的血中。"

［7］Sir Thomas Elyot, *The Boke Named the Governour*, t. I, Londres, J. M. Dent & Co, 1531, p. 54-55.

[8] Melchisédech Thévenot, *The Art of Swimming* [1696], Londres, John Lever, 1789, p. 4-5.

[9] 裙撑，法语为vertugadin，是15、16世纪西欧女人套在裙子底下的一个衬架。它能把裙子按照设想中的形式撑起来，并使臀部显得丰满圆大。

[10] Cité dans Doretta Davanzo Poli, *Beachwear and bathing-costume*, op. cit., p. 9.

[11] Bernard de Morlas, *De contemptu feminae*, XIIIe siècle. Cité dans Jean Delumeau, *La peur en Occident (XIVe-XVIIIe siècles)*, op. cit., p. 321.

[12] Cité dans Jean Delumeau, *La peur en Occident (XIVe-XVIIIe siècles)*, op. cit., p. 315-316.

[13] André Tiraqueau, *De legibus connubialibus et iure maritali*, Paris, Oudin Petit, 1546.

[14] François Rabelais, *Tiers livre des faits et dits héroïques du noble Pantagruel*, Paris, Chrestien Wechel, 1546.

[15] Voir Ian Maclean, *The Renaissance Notion of Woman. A study in the fortunes of scholasticism and medical science in European intellectual life* [1980], Cambridge, Cambridge University Press, 1983, p. 11-13.

[16] Voir Audrey Millet, « Le corps de la mode. Histoire sociale de la mesure de l'Homme (Europe, XVIe-XIXe siècles) », *dObra[s]-Revista da Associação Brasileira de Estudos e Pesquisas em Moda*, vol. 30, décembre 2020, p. 220-222.

[17] Voir Audrey Millet et Sébastien Pautet, *Sciences et techniques (1500-1789)*, Neuilly-sur-Seine, Atlande, 2016, p. 53-72.

[18] Voir Georges Vigarello, *Histoire de la beauté. Le corps et l'art d'embellir de la Renaissance à nos jours* [2004], Paris, Seuil, 2014, p. 20-27.

[19] Cesare Vecellio, *Costumes anciens et modernes*, t. I, 1590. Cité dans Georges Vigarello, *Histoire de la beauté. Le corps et l'art d'embellir de la Renaissance à nos jours*, op. cit., p. 45.

[20] Voir Pascal Ory, *L'invention du bronzage. Essai d'une histoire culturelle* [2008], Paris, Flammarion, 2018.

[21] Voir Liliane Hilaire-Pérez, *La pièce et le geste. Artisans, marchands et savoir technique à Londres au XVIIIe siècle*, Paris, Albin Michel, 2013.

[22] Citée dans William Shepherd et Tommaso Tonelli, *Vita di Poggio Bracciolini*, t. I, Florence, Presso Gaspero Ricci, 1825, p. 65-85.

第二部　从实用到享乐
第四章　海水浴的出现

[1] Alain Corbin, *Le territoire du vide. L'Occident et le désir de rivage*, op. cit., p. 43.

[2] Voir Paula Findlen, *Possessing Nature. Museums, collecting and scientific culture in early modern Italy*, Berkeley, University of California Press, 1996.

[3] Ferrante Imperato, *Dell'Historia Naturale*, Naples, C. Vitale, 1599 ; B. Accordi, « Ferrante Imperato (Napoli, 1550-1625) e il suo contributo alla storia della geologia », *Geologica Romana*, n° 20, 1981, p. 43-56 ; Audrey Millet et Sébastien Pautet, *Sciences et techniques, 1500-1789*, op. cit., p. 36.

[4] Voir Arthur McGregor, *Curiosity and Enlightenment. Collectors and collections from the sixteenth to the nineteenth century*, New Haven, Yale University Press, 2008.

[5] Jean-Robert Simon, *Robert Burton (1577-1640) et l'anatomie de la mélancolie*, Paris, Didier, 1964, p. 278-292 ; Robert Burton, *The Anatomy*

of Melancholy, Oxford, Henry Cripps, 1621.

[6] Alain Corbin, Le territoire du vide. L'Occident et le désir de rivage, op. cit., p. 85.

[7] Georges Vigarello, Les métamorphoses du gras. Histoire de l'obésité, Paris, Seuil, 2010.

[8] Alain Corbin, Le territoire du vide. L'Occident et le désir de rivage, op. cit., p. 90-91.

[9] Claudia B. Kidwell, « Women's bathing and swimming costume in the United States », art. cit., p. 1-31.

[10] Henry Wansey, In Excursion to the United States, Salisbury, J. Easton, 1798, p. 211.

[11] Fred A. Wilson, Some Annals of Nahant, Boston, Old Corner Book Store, 1928, p. 77.

[12] Voir Georges Vigarello, Histoire de la beauté. Le corps et l'art d'embellir de la Renaissance à nos jours, op. cit.

[13] Archives de l'Académie des sciences, Pochette de séance du 15 mai 1779, Lettre autographe de Bertholon du 15 août 1779 ; Audrey Millet et Sébastien Pautet, Sciences et techniques (1500-1789), op. cit., p. 430-434.

[14] Pierre Bourdelais (dir.), Les hygiénistes : enjeux, modèles et pratiques, Paris, Belin, 2001 ; Owen et Caroline Hannaway, « La fermeture du cimetière des Innocents », Dix-huitième siècle, 1977, n° 9, p. 181-191.

[15] Avril Lansdell, Seaside Fashions, 1860-1939, Princes Risborough, Buckinghamshire, Shire Publications Ltd, 1990, p. 5-6.

[16] George Washington, The Writings of George Washington, t. I, Washington, United States Congress, 1931, p. 8.

[17] Norbert Elias, La civilisation des moeurs [1973], traduit par Pierre

Kamnitzer, Paris, Pocket, 2002.

[18] Martin Richard et Harold Koda, *Splash! A History of Swimwear*, New York, Rizzoli International, 1990, p. 56.

[19] Claudia B. Kidwell, « Women's bathing and swimming costume in the United States », art. cit.

[20] Journal intime de John Crosier, 1782. Cité dans Cecil Willet et Phillis Emily Cunnington, *Handbook of English Costume in the Eighteenth Century*, Londres, Faber and Faber, 1957, p. 404.

[21] Cité dans Georges Vigarello, *Le propre et le sale. L'hygiène du corps depuis le Moyen Âge, op. cit.*, p. 115.

[22] Georges Vigarello, *Le propre et le sale. L'hygiène du corps depuis le Moyen Âge, op. cit.*, p. 120.

[23] Voir Alain Corbin, *Le territoire du vide. L'Occident et le désir de rivage, op. cit.*, p. 90-93.

第五章 初期海滨浴场的装束（1800～1850）

[1] Georges Vigarello, *Le propre et le sale. L'hygiène du corps depuis le Moyen Âge, op. cit.*

[2] C. E. Clerget, « Du nettoyage mécanique des voies publiques », *La Revue de l'architecture*, 1843, p. 267. Cité dans Georges Vigarello, *Le propre et le sale. L'hygiène du corps depuis le Moyen Âge, op. cit.*, p. 208.

[3] Honoré Daumier, « Les baigneurs », *Le Charivari*, 21 juillet 1839 ; « La leçon à sec », *Le Charivari*, 30-31 mai 1841 ; « Bains de femmes », *Le Charivari*, 13 juin 1841.

[4] William A. Poucher, *Perfumes, Cosmetics and Soaps. Volume I: The Raw Materials of Perfumery* [1925], Londres, Springer Netherlands, 1975.

［5］Georges Vigarello, *Le propre et le sale. L'hygiène du corps depuis le Moyen Âge*, op. cit., p. 187-191.

［6］INPI, Base brevets xixe siècle. 衷心感谢国家工业产权局（INPI）档案处的阿曼丁·加布里亚克（Amandine Gabriac），谢谢她的协助。

［7］INPI, n° 1BB9197, par Argentier, médecin à Paris, le 11 décembre 1849. Le second dépôt est un certificat d'addition (d'amélioration) daté du 26 décembre 1849.

［8］Pascal Ory, *L'invention du bronzage. Essai d'une histoire culturelle*, op. cit., p. 12-26 et 28.

［9］Avril Lansdell, *Seaside Fashions, 1860-1939*, op. cit., p. 15.

［10］《女红指南》：面向没有女红经验的初学者，内容涵盖了通常在家里缝制的穿用品的剪裁与缝合等工艺。此外，还对缝制衬垫、草编垫子、织帽子、织毛衣等女事进行了详细的讲解。Birmingham, Simpkin, Marshall, and Company, 1840, p. 61.

［11］A. Lansdell, *Seaside Fashions, 1860-1939*, op. cit., p. 16-17.

［12］« Chit-chat upon Philadelphia fashions for August », *Godeys Lady's Book*, n° 37, août 1948, p. 119.

［13］Cité dans Claudia B. Kidwell, « Women's bathing and swimming costume in the United States », art. cit., p. 68.

［14］Jared Sparks, *The Works of Benjamin Franklin*. 作品中收入了一些从未发表过的政治和历史短篇，及许多尚未出版的官方和私人信件；随附有作者的按语和一份生平简介。vol. 1, Boston, Hilliard, Gray & Co., 1840, p. 63-65.

［15］James A. Bennet, *The Art of Swimming*. "以图解的形式论证了无论男女都可以学习游泳和漂浮在水面上，并且给出了各种保健和疗

愈疾病的浴疗建议、从孩童时期到老年的饮食管理建议，以及某一治疗晕船的有效方法"（1846），New York, Collins, Brother & Co., 2018.

［16］John Moorman, *The Virginia Springs*, Richmond, J. W. Randolph, 1854, p. 259-260 et 264.

［17］« La famille Tuggs à Ramsgate », in *Esquisses par Boz*, Paris, Stock, 1930. Cité dans Alain Corbin, *Le territoire du vide. L'Occident et le désir de rivage, op. cit.*, p. 317.

［18］创建于19世纪的巴布教是一项信仰、道德和社会政治一体化的宗教运动。它不仅主张男女拥有平等的权利，还要求废除一夫多妻制，结束男性任意休妻权，废除面纱，并提倡全面义务教育。

［19］Maria Mies, *Patriarchy and Accumulation on a World Scale*, Londres, Zed Books, 1999, chap. 1. Cité dans Hamideh Sedghi, *Women and Politics in Iran. Veiling, Unveiling and Reveiling,* Cambridge, Cambridge University Press, 2007, p. 51-59.

［20］Voir Michel Foucault, *Dits et écrits*, t. IV, Paris, Gallimard, 1994.

［21］Adolphe Quetelet, *Sur l'homme et le développement de ses facultés, ou Essai de physique sociale*, Paris, Bachelier, 1835.

［22］Voir Gaspard Lavater, *L'art de connaître les hommes par la physionomie*, Paris, Prudhomme et Levrault, Schoell et Cie, 1806.

［23］INPI, Base brevets XIXe siècle.

第六章　体形的变化和泳衣的出现（1850～1920）

［1］显然乔治·维加雷洛是一个例外，他就这一主题所撰述的高质量著作卓尔不群、影响深远。

［2］ Sur le corset, consulter : Georges Vigarello, *Le corps redressé. Histoire d'un pouvoir pédagogique* [1978], Paris, Armand Colin, 2001.

［3］ Voir à ce sujet, la base de données de l'Institut national de la propriété intellectuelle (INPI).

［4］ Lidewij Edelkoort, *Fetichism in Fashion*, Amsterdam, Frame Publishers, 2013 ; Valerie Steele, *Fetish: Fashion, Sex, and Power*, Oxford, Oxford University Press, 1996.

［5］ Marcel Proust, *À l'ombre des jeunes filles en fleurs* [1918], *À la recherche du temps perdu*, t. I, Paris, Gallimard, 1962, p. 791.

［6］ Georges Vigarello, *Histoire de la beauté. Le corps et l'art d'embellir de la Renaissance à nos jours, op. cit.*, p. 147-148.

［7］ Cité dans Claudia B. Kidwell, « Women's bathing and swimming costume in the United States », art. cit., p. 24.

［8］ Georges Vigarello, *Les métamorphoses du gras. Histoire de l'obésité, op. cit.*

［9］ Honoré de Balzac, « La femme de province », in *Les Français peints par euxmêmes*, t. I, Paris, L. Curmer, 1840-1842, p. 3 ; Audrey Millet, *Vie et destin d'un dessinateur. Le journal d'Henri Lebert (1794-1862)*, Paris, Champ Vallon, 2018.

［10］ H. Finck, *L'art d'être belle*, Paris, Société générale d'imprimerie, 1896.

［11］ Marianne Thesander, *The Feminine Ideal*, Londres, Reaktion, 1997.

［12］ Catherine Lanoë, « La céruse dans la fabrication des cosmétiques sous l'Ancien Régime (XVIe-XVIIIe siècles) », *Techniques & Culture*, vol. 38, 2002, n° 1, p. 1-15.

［13］ Rebecca Houze, « Fashionable reform dress and the invention of "Style" in Finde-siècle Vienna », *Fashion Theory. The Journal of Dress Body &*

Culture, vol. 5, 2001, n° 1, p. 29-55.

[14] Jean-Auguste-Dominique Ingres, *Le Bain turc*, 1862 ; Jean-Baptiste Mallet, *La Scène de bain gothique*, 1810 ; Henri de Toulouse-Lautrec, *La Toilette*, 1899.

[15] INPI, brevets n° 1BB218561, 1BB38376, 1BB5387.

[16] Georges Vigarello, *Histoire de la beauté. Le corps et l'art d'embellir de la Renaissance à nos jours, op. cit.*, p. 135 et 139.

[17] Voir Ruth Barcan, *Nudity: A Cultural Anatomy*, Oxford, Berg, 2004.

[18] Voir Caleb Williams Saleeby, *Sunlight and Health*, Londres, Nisbet and Company, 1923.

[19] Voir Audrey Millet, *Fabriquer le désir. Histoire de la mode de l'Antiquité à nos jours*, Paris, Belin, 2020, p. 269-271.

[20] Voir Pascal Ory, *L'invention du bronzage. Essai d'une histoire culturelle, op. cit.*, p. 31-34.

[21] Christine MacLeod, *Heroes of Invention. Technology, liberalism and British identity, 1750-1914*, Cambridge, Cambridge University Press, 2010.

[22] Pascal Ory, *L'invention du bronzage. Essai d'une histoire culturelle, op. cit.*, p. 36 et 44-45.

[23] Claudia B. Kidwell, « Women's bathing and swimming costume in the United States », art. cit., p. 1-31.

[24] « Life at watering-places-Our Newport correspondent », *Frank Leslie's Illustrated Newspaper*, 29 août 1857, vol. 4, n° 91, p. 197. Cité dans *ibid*.

[25] INPI, Base brevets XIXe siècle, n° 1BB128137, 1BB111293.

[26] INPI, Base brevets XIXe siècle, n° 1BB127796.

[27] Martin Richard et Harold Koda. *Splash! A History of Swimwear, op.*

cit., p. 72.

[28] « New York fashions », *Harper's Bazaar*, 4 juillet 1881, vol. 18, n° 27, p. 427.

[29] Voir Doretta Davanzo Poli, *Beachwear and bathing-costume, op. cit.*, p. 46.

[30] Cité dans Claudia B. Kidwell, « Women's bathing and swimming costume in the United States », art. cit., p. 23.

[31] INPI, Base brevets XIXe siècle, n° 1BB75336, 1BB219025, 1BB61745, 1BB41562, 1BB81148, 1BB88610, 1BB80335.

[32] *Franck Leslie's Illustrated Newspaper*, 29 juillet 1971, vol. 32, n° 569, p. 355.

[33] Claudia B. Kidwell, « Women's bathing and swimming costume in the United States », art. cit., p. 13.

[34] Christine Bard, *Une histoire politique du pantalon* [2010], Paris, Seuil, 2014, p. 218-224.

[35] Voir *The New York Times*, 22 novembre 1977, p. 38.

[36] « Boston arrest a mistake, says Annette », interview d'Annette Kellermann, *The Boston Sunday Globe-Trotter*, 11 octobre 1953.

[37] Voir Audrey Millet, *Fabriquer le désir. Histoire de la mode de l'Antiquité à nos jours, op. cit.*, p. 242-244.

[38] Voir Patricia A. Cunningham, *Reforming Women's Fashion, 1850-1920. Politics, health, and art*, Kent, Londres, Kent State University Press, 2003.

[39] Avril Lansdell, *Seaside Fashions, 1860-1939, op. cit.*, p. 24-25.

[40] Voir Rebecca Houze, « Fashionable reform dress and the invention of "Style" in Fin-de-siècle Vienna », art. cit., p. 29-55.

[41] Cité dans Avril Lansdell, *Seaside Fashions, 1860-1939, op. cit.*, p. 65.

[42] Pierre-Joseph Proudhon, *La pornocratie, ou Les femmes dans les temps modernes,* Paris, 1875 ; Hélène Hernandez, « Pourquoi les femmes se soumettent : critique du patriarcat dans le mouvement anarchiste », *in* Francis McCollum Feeley (dir.), *Le patriarcat et les institutions américaines. Études comparées,* Chambéry, Presses universitaires Savoie Mont Blanc, 2009, p. 289-296.

第三部 泳衣，不可或缺的服饰
第七章 两次世界大战期间的泳衣

[1] National Recreation Association, « The leisure hours of 5,000 people; a report of a study of leisure time activities and desires », New York, 1934.

[2] Jane Farrell-Beck, Colleen Gau, *Uplift. The Bra in America*, Philadelphie, University of Pennsylvania Press, 2002, p. 62-63 ; Christine Schmidt, *The Swimsuit. Fashion from poolside to catwalk*, Londres, New York, Berg, 2012, p. 34, 81-82, 84.

[3] Patricia A. Cunningham, « Swimwear in the thirties: the B.V.D. Company in a decade of innovation », *Dress-The Journal of the Costume Society of America*, n° 12, 1986, p. 11-27.

[4] Katy Muldoon, « Jantzen's 100-year history reveals how Portland-made swimwear changed the world-and vice versa », *The Oregonian*, 7 août 2010.

[5] Doretta Davanzo Poli, *Beachwear and bathing-costume, op. cit.*, p. 65-68.

[6] Martin Richard et Harold Koda, *Splash! A History of Swimwear, op. cit.*, p. 85-88.

[7] Claudia B. Kidwell, « Women's bathing and swimming costume in the

United States », art. cit., p. 1-31.

[8] Audrey Millet, *Le livre noir de la mode. Création, production, manipulation*, Paris, Les Pérégrines, 2021, introduction.

[9] Karen Christensen, *International Encyclopedia of Women and Sports*, vol. 1, New York, MacMillan Reference Library, 2001, p. 357-359 ; Claude Fouret, « 1926 : la bataille de la Manche à la nage », *Staps*, vol. 66, 2004, n° 4, p. 43-61.

[10] Frank Defort, *There She Is. The life and times of Miss America*, New York, Viking Press, 1971.

[11] Christian Vivier, « Essais d'historiographie des pratiques corporelles de loisir : l'exemple balnéaire français », *Mov Sport Sci/Sci Mot*, n° 86, 2014, p. 105-124.

[12] Voir Norbert Elias, *La civilisation des mœurs, op. cit.*, p. 271-272.

[13] Christophe Granger, « Du relâchement des mœurs en régime tempéré. Corps et civilisation dans l'entre-deux-guerres », *Vingtième Siècle. Revue d'histoire*, vol. 106, 2010, n° 2, p. 115-125 ; Marcel Mauss, « Les techniques du corps », *Journal de psychologie*, XXXII, 1936, p. 1-23.

[14] Voir Elsa Devienne, « *Bathing beauties, bodybuilders* et surfeurs : l'émergence de cultures corporelles originales sur les plages de Los Angeles (années 1920-1930) », *Revue française d'études américaines*, vol. 142, 2015, n° 1, p. 24-26.

[15] Patricia A. Cunningham, « From underwear to swimwear: branding at Atlas and B.V.D. in the 1930s », *The Journal of American Culture*, vol. 32, 2009, n° 1, p. 38-52.

[16] Cité dans Lena Lenček et Gideon Bosker, *Making Waves. Swimsuits and the Undressing of America*, San Francisco, Chronicle Books, 1989, p. 81.

［17］Voir Naomi Oreskes et Erik M. Conway, *Les marchands de doute. Comment une poignée de scientifiques ont masqué la vérité sur des enjeux de société tels que le tabagisme et le réchauffement climatique*, Paris, Le Pommier, 2012.

［18］Lena Lenček et Gideon Bosker, *Making Waves. Swimsuits and the Undressing of America, op. cit.*, p. 45-46.

［19］Christine Schmidt, *The Swimsuit. Fashion from poolside to catwalk, op. cit.*, p. 81.

［20］Lena Lenček et Gideon Bosker, *Making Waves. Swimsuits and the Undressing of America, op. cit.*, p. 78.

［21］*Harper's Bazaar*, juin 1934, p. 9.

［22］Voir Christophe Granger, « Le désordre des plages ou la difficile émergence d'un territoire à part, 1920-1940 », *Mondes du tourisme*, n° 9, 2014, p. 70-71.

［23］Henri Pradel, *Les devoirs de vacances des parents*, Paris, Desclée de Brouwer, 1935, p. 240-241. Cité dans Christophe Granger, « Batailles de plage. Nudité et pudeur dans l'entre-deux-guerres », *Rives nord-méditerranéennes*, n° 30, 2008, p. 124.

［24］Voir Patrick Alac, *La grande histoire du bikini*, Paris, Parkstone, 2002.

第八章 声名鹊起的泳衣

［1］Voir Christophe Granger, « Le corps en vacances. Culture somatique et sentiment de soi, 1930-1975 », *Hypothèses*, vol. 6, 2003, n° 1, p. 59-68.

［2］Cité dans Dan Parker, *The Bathing Suit. Christian liberty or secular idolatry*, Maitland, Xulon Press, 2003, p. 149.

［3］Lena Lenček et Gideon Bosker, *Making Waves. Swimsuits and the*

Undressing of America, op. cit., p. 73-75.

［4］Cité dans ibid., p. 71.

［5］Voir Martin Richard et Harold Koda, Splash! A History of Swimwear, op. cit.

［6］Pour consulter cette affiche, voir : Olivier Saillard, Les maillots de bain, Paris, Chêne, 1998, p. 62.

［7］Cité dans Lena Lenček et Gideon Bosker, Making Waves. Swimsuits and the Undressing of America, op. cit., p. 81-83.

［8］Voir Naomi Wolf, The Beauty Myth. How images of beauty are used against women [1990], New York, Perennial, 2002, p. 214.

［9］Michael R. Lowe, Tanja V. E. Kral et Karen Miller-Kovach, « Weight-loss maintenance 1, 2 and 5 years after successful completion of a weight-loss programme », British Journal of Nutrition, vol. 99, 2008, n° 4, p. 925-930.

［10］Audrey Millet, Fabriquer le désir. Histoire de la mode l'Antiquité à nos jours, op. cit., p. 225-227.

［11］Marnie Fogg (dir.), Tout sur la mode. Panorama des mouvements et des chefsd'oeuvre, Paris, Flammarion, 2013, p. 378-379.

［12］Voir Jean-Claude Kaufmann, Corps de femmes, regards d'hommes. Sociologie des seins nus, Paris, Nathan, 1995.

［13］Cité dans Lena Lenček et Gideon Bosker, Making Waves. Swimsuits and the Undressing of America, op. cit., p. 97-99.

［14］Voir Arnaud Baubérot, Histoire du naturisme. Le mythe du retour à la nature, Rennes, Presses universitaires de Rennes, 2004 ; Sylvain Villaret, Histoire du naturisme en France depuis le siècle des Lumières, Paris, Vuibert, 2005.

［15］Voir Kaithlynn Mendes, « "Feminism rules! Now, where's my swimsuit?" Re-evaluating feminist discourse in print media 1968-2008 », *Media, Culture & Society*, vol. 34, 2012, n° 5, p. 554-570.

[16] Christiana Tsaousi, « How to organise your body: postfeminism and the (re) construction of the female body through *How to Look Good Naked* », *Media, Culture & Society*, vol. 39, 2017, n° 2, p. 145-158.

[17] Angela McRobbie, *The Aftermath of Feminism. Gender, culture and social change*, Londres, Sage, 2009.

[18] Michelle R. Hebl, Eden B. King et Jean Lin, « The swimsuit becomes us all: ethnicity, gender, and vulnerability to self-objectification », *Personality and Social Psychology Bulletin*, vol. 30, 2004, n° 10, p. 1322-1330.

[19] Kim Kayoung et Michael Sagas, « Athletic or sexy? A comparison of female athletes and fashion models in sports illustrated swimsuit issues », *Gender issues*, vol. 31, 2014, n° 2, p. 123-141.

[20] Theresa Ashford et Neal Curtis, « Wonder Woman: an assemblage of complete virtue packed in a tight swimsuit », *Law, Technology and Humans*, vol. 2, 2020, n° 2, p. 185-197.

第九章 当下的问题

[1] Centre international de recherche sur le cancer, rapport 2018.

[2] James B. Kerr et Thomas McElroy, « Evidence for large upward trends of ultraviolet-B radiation linked to ozone depletion », *Science*, n° 262, 1993, p. 1032-1034.

[3] https://www.cancer-environnement.fr/268-Rayons-du-soleil.ce.aspx#Soleil%20et%20Cancers

[4] Olivier Mirguet, « Spinali Design invente le maillot de bain connecté », *La Tribune*, 19 mai 2015.

［5］Céline Couteau et Laurence Coiffard, *Tout savoir sur les produits solaires*, Puteaux, 1Healthmedia, 2021.

［6］Rapport de Global Industry Analysts, Inc., *Swimwear and beachwear - Global market trajectory & analytics*, avril 2021.

［7］Textile Exchange, *2020 Preferred Fiber and Materials Market Report*.

［8］Anaïs Condomines, « Le "corps parfait" de Victoria's Secret fait polémique », LCI, 31 octobre 2014.

［9］Audrey Millet, *Fabriquer le désir. Histoire de la mode de l'Antiquité à nos jours, op. cit.*, p. 362-363.

［10］Heather Marie Akou, « A brief history of the burqini. Confessions and controversies », *Dress-The Journal of the Costume Society of America*, vol. 39, 2013, n° 1, p. 25-28.

［11］*Ibid.*, p. 26-27.

［12］Voir Cindy Jung, « Criminalization of the burkini », *Harvard International Review*, vol. 38, 2016, n° 1, p. 6-7.

［13］John R. Bowen, *Why the French Don't Like Headscarves. Islam, the State, and public space*, Princeton, Oxford, Princeton University Press, 2006.

［14］Dino Martirano, « Alfano: "Dico no alle provocazioni che potrebbero attirare attentati" », *Corriere della Sera*, 16 août 2017.

［15］Christine Bard, *Une histoire politique du pantalon, op. cit.*, p. 7-51.

［16］Voir « Comment un an de crise sanitaire et économique est venu accentuer les inégalités femmes-hommes », Oxfam France, 5 juin 2021.

［17］Vanessa Pérez-Rosario, « On beauty and protest », *Women's Studies Quarterly*, vol. 46, 2018, n° 1/2, p. 279-285.

［18］Elaine Scarry, *On Beauty and Being Just*, Princeton, Princeton University Press, 2001, p. 81.

参考文献

为了简化参考书目的注释和编排，只有涉及具体的引语或引文的书目，才出现在正文的注释里。本书作者多次引用的文献列在"主要参考文献"之下，其他所有参考书目，则根据章节编排。

主要参考文献

CORBIN Alain, *Le territoire du vide. L'Occident et le désir de rivage* [1988], Paris, Flammarion, 2018.

DAVANZO POLI Doretta, *Beachwear and bathing-costume*, Modène, Zanfi Editori, 1995.

FLÜGEL John Carl, *The Psychology of Clothes*, Londres, Hogarth, 1930.

GARGAM Adeline et LANÇON Bertrand, *Histoire de la misogynie. Le mépris des femmes de l'Antiquité à nos jours* [2013], Paris, Arkhê, 2020.

KIDWELL Claudia B., « Women's bathing and swimming costume in the United States », in *United States National Museum Bulletin*, nº 250, 1968.

LENČEK Lena et BOSKER Gideon, *Making Waves. Swimsuits and the Undressing of America*, San Francisco, Chronicle Books, 1989.

MILLET Audrey, *Fabriquer le désir. Une histoire de la mode de l'Antiquité à nos jours*, Paris, Belin, 2020.

Richard Martin et Koda Harold, *Splash! A History of Swimwear*, New York, Rizzoli International, 1990.

Vigarello Georges, *Histoire de la beauté. Le corps et l'art d'embellir de la Renaissance à nos jours* [2004], Paris, Seuil, 2014.

—, *Le propre et le sale. L'hygiène du corps depuis le Moyen Âge* [1985], Paris, Seuil, 2014.

前　言

Dulles Foster Rhea, *America Learns to Play. A History of Popular Recreation, 1607-1940*, New York, D. Appleton-Century Company, 1940, p. 363.

Millet Audrey, « Le corps de la mode. Histoire sociale de la mesure de l'Homme (Europe, xvie-xixe siècles) », *dObra[s] – Revista da Associação Brasileira de Estudos e Pesquisas em Moda*, n° 30, décembre 2020.

第一部

第一章

Bauman Richard A., *Women and Politics in Ancient Rome* [1992], Londres, New York, Routledge, 1992.

Blonski Michel, *Se nettoyer à Rome (IIe siècle av. J.-C.- IIe siècle ap. J.-C.). Pratiques et enjeux*, Paris, Les Belles Lettres, 2014.

Hésiode, *Théogonie*, Paris, Flammarion, 2001.

Jouanna Jacques, « L'eau dans la médecine au temps d'Hippocrate », *in* Jacques Jouanna, Pierre Toubert et Michel Zink (dir.), *L'eau en Méditerranée de l'Antiquité au Moyen Âge*, Actes du 22e colloque de la Villa Kérylos à Beaulieu-sur-Mer du 7 au 9 octobre 2011, Paris, Académie des Inscriptions et Belles-Lettres, 2012, p. 35-37.

Martial, *Épigrammes*, Paris, Les Belles Lettres, 1969-1973, trois volumes.

Mossé Claude, *La femme dans la Grèce antique* [1983], Bruxelles, Complexe, 1991.

Ovide, *L'Art d'aimer*, Torrazza Piemonte, FV éditions, 2012.

—, *Les Métamorphoses*, t. I, Paris, Les Belles Lettres, 1925.
—, *Les Métamorphoses*, t. III, Paris, Les Belles Lettres, 1930.
PARTHÉNIOS DE NICÉE, *Passions d'amour*, Grenoble, Jérôme Millon, 2008.
PLATON, *Timée*, Paris, Les Belles Lettres, 1925.
POMEROY Sarah B., *Women's History and Ancient History*, Chapel Hill, University of Carolina Press, 1991.
TACITE, *Annales*, Paris, Les Belles Lettres, « Collection des Universités de France », 1945.
THOMAS Yan, « The division of the sexes in Roman Law », *in* Pauline Schmitt Pantel (dir.), *History of Women in the West*, t. I, Harvard, Harvard University Press, 1994.
VIRGILE, *L'Énéide*, Paris, Flammarion, 1993.
WATSON Alan, *The Spirit of Roman Law*, Athens, University of Georgia Press, 1995.
YEGÜL Fikret K., « Roman imperial baths and thermae », *in* Roger B. Ulrich et Caroline K. Quenemoen (dir.), *A Companion to Roman Architecture*, Chichester, Blackwell Publishing, 2013.

第二章

BEAULANDE Véronique, *Le malheur d'être exclu ? Excommunication, réconciliation et société à la fin du Moyen Âge*, Paris, Presses universitaires de la Sorbonne, 2006.
BENKHEIRA Mohammed-Hocine, « Hammam, nudité et ordre moral dans l'islam médiéval (II) », *Revue de l'histoire des religions*, 2008, n° 1.
BENSLAMA Fethi, « Le voile de l'islam », *Contretemps*, 1997, 2/3. Cité dans Delphine Horvilleur, *En tenue d'Ève. Féminin, pudeur et judaïsme*, Paris, Grasset, 2013, p. 12.
BERSUIRE Pierre, « Tite-Live, Histoire romaine », Manuscrit de la Bibliothèque Sainte-Geneviève, Ms 777, copie de 1370. Cité dans Charles Samaran, Jacques Monfrin, « Pierre Bersuire, prieur de Saint-Eloy de Paris (1290-1362) », *Histoire littéraire de la France*, t. XXXIX, 1962, p. 301-414.

Clément François, « L'eau sous la langue et autres arabesques », *in* Jackie Pigeaud (dir.), *L'eau, les eaux*, Rennes, Presses universitaires de Rennes, 2006.

Delumeau Jean, *La peur en Occident (XIVe-XVIIIe siècles)*, Paris, Fayard, 1978.

Febvre Lucien, *Le problème de l'incroyance au XVIe siècle. La religion de Rabelais*, Paris, Albin Michel, 1942.

Gonthier Nicole, « Les victimes de viol devant les tribunaux à la fin du Moyen Âge d'après les sources dijonnaises et lyonnaises », *Criminologie*, vol. 27, 1997, n° 2.

Horvilleur Delphine, *En tenue d'Ève. Féminin, pudeur et judaïsme*, Paris, Grasset, 2013.

Joyes Sylvie, *La femme ravie. Le mariage par rapt dans les sociétés occidentales du haut Moyen Âge*, Turnhout, Brepols Publisher, 2012.

Kongolo Chijika, « Les lustrations d'eau dans les écrits bibliques », *Laval théologique et philosophique*, vol. 57, 2001, n° 2.

Marbode, *Le livre des X chapitres* [v. 1096], Rome, Herder, 1984.

Porteau-Bitker Annick, « La justice laïque et le viol au Moyen Âge », *Revue d'histoire du droit*, vol. 66, 1988, n° 4.

Strutt Joseph, *The Sports and Pastimes of the People of England. Including the rural and domestic recreations, May games, mummeries, shows, processions, pageants, and pompous spectacles, from the earliest period to the present time*, Londres, Thomas Tegg, 1838.

第三章

Brioist Pascal, *La Renaissance, 1450-1570*, Neuilly-sur-Seine, Atlande, 2003.

Canguilhem Georges, *La connaissance de la vie* [1952], Paris, Vrin, 1992.

Delumeau Jean, *La peur en Occident (XIVe-XVIIIe siècles)*, Paris, Fayard, 1978.

Dubourg-Glatigny Pascal et Vérin Hélène, *Réduire en art, la technologie de la Renaissance aux Lumières*, Paris, Maison des sciences de l'homme, 2008.

Elyot Thomas (Sir), *The Boke Named the Governour*, t. I, Londres, J. M. Dent & Co, 1531 (http://www.luminarium.org/renascence-editions/gov/gov1.htm).

Hilaire-Pérez Liliane, *La pièce et le geste. Artisans, marchands et savoir technique à Londres au XVIIIe siècle*, Paris, Albin Michel, 2013.

Ko Dorothy, *The Social Life of Inkstones. Artisans and scholars in early Qing China*, Chicago, University of Washington Press, 2017.

Maclean Ian, *The Renaissance Notion of Woman. A study in the fortunes of scholasticism and medical science in European intellectual life* [1980], Cambridge, Cambridge University Press, 1983.

Millet Audrey, « Factory draughtsmen in eighteenth- and nineteenth-century France. The forgotten artists of the workshop », *Symbolic Goods*, 2017, n° 1.

—, « Le corps de la mode. Histoire sociale de la mesure de l'Homme (Europe, XVIe-XIXe siècles) », *dObra[s] – Revista da Associação Brasileira de Estudos e Pesquisas em Moda*, vol. 30, décembre 2020.

Millet Audrey et Pautet Sébastien, *Sciences et techniques (1500-1789)*, Neuilly-sur-Seine, Atlande, 2016.

Ory Pascal, *L'invention du bronzage. Essai d'une histoire culturelle* [2008], Paris, Flammarion, 2018.

Van Damme Stéphane, dans Pestre Dominique (dir.), *Histoire des sciences et des savoirs*, t. I, Paris, Seuil, 2015.

Platon, *La République*, Paris, Les Belles Lettres, 1970.

Rabelais François, *Tiers livre des faits et dits héroïques du noble Pantagruel*, Paris, Chrestien Wechel, 1546.

Sébillot Paul, *Légendes, croyances et superstitions de la mer*, Paris, Charpentier, 1886, deux volumes.

Shepherd William et Tonelli Tommaso, *Vita di Poggio Bracciolini*, t. I, Florence, Presso Gaspero Ricci, 1825.

Thévenot Melchisédech, *The Art of Swimming* [1696], Londres, John Lever, 1789.

Tiraqueau André, *De legibus connubialibus et iure maritali*, Paris, Oudin Petit, 1546.

第二部

LANSDELL Avril, *Seaside Fashions, 1860-1939*, Princes Risborough, Buckinghamshire, Shire Publications Ltd, 1990.

第四章

ACCORDI B., «Ferrante Imperato (Napoli, 1550-1625) e il suo contributo alla storia della geologia», *Geologica Romana*, n° 20, 1981.

AYMONIN Gérard, JOLINON Jean-Claude et MORAT Philippe, *L'herbier du monde. Cinq siècles d'aventures et de passions botaniques au Muséum national d'histoire naturelle*, Paris, Muséum national d'histoire naturelle de Paris et Les Arènes/L'Iconoclaste, 2004.

BEAUREPAIRE Pierre-Yves, *La France des Lumières*, Paris, Belin, 2011.

BONNOT DE CONDILLAC Étienne, *Traité des sensations*, Paris, Durand, 1754.

BOURDELAIS Pierre (dir.), *Les hygiénistes: enjeux, modèles et pratiques*, Paris, Belin, 2001.

BURTON Robert, *The Anatomy of Melancholy*, Oxford, Henry Cripps, 1621.

CUNNINGTON Cecil Willett et Phillis Emily, *Handbook of English Costume in the Eighteenth Century*, Londres, Faber and Faber, 1957.

ELIAS Norbert, *La civilisation des mœurs* [1973], traduit par Pierre Kamnitzer, Paris, Pocket, 2002.

FINDLEN Paula, *Possessing Nature. Museums, collecting and scientific culture in early modern Italy*, Berkeley, University of California Press, 1996.

HANNAWAY Owen et Caroline, «La fermeture du cimetière des Innocents», *Dix-huitième siècle*, 1977, n° 9.

KUSHNER Eva, *L'époque de la Renaissance: 1400-1600*, t. III, Amsterdam, John Benjamins Publishing, 1988.

McGREGOR Arthur, *Curiosity and Enlightenment. Collectors and collections from the sixteenth to the nineteenth century*, New Haven, Yale University Press, 2008.

Millet Audrey et Pautet Sébastien, *Sciences et techniques (1500-1789)*, Neuilly-sur-Seine, Atlande, 2016.

Roche Daniel, *La culture des apparences. Une histoire du vêtement (XVIIe-XVIIIe siècles)*, Paris, Fayard, 1989.

—, *Histoire des choses banales. Naissance de la consommation (XVIIe-XIXe siècles)*, Paris, 1997.

Simon Jean-Robert, *Robert Burton (1577-1640) et l'anatomie de la mélancolie*, Paris, Didier, 1964.

Vigarello Georges, *Les métamorphoses du gras. Histoire de l'obésité*, Paris, Seuil, 2010.

Wansey Henry, *An Excursion to the United States*, Salisbury, J. Easton, 1798.

Washington George, *The Writings of George Washington*, t. I, Washington, United States Congress, 1931.

Wilson Fred A., *Some Annals of Nahant*, Boston, Old Corner Book Store, 1928.

第五章

Aprile Sylvie et Rapoport Michel (dir.), *Le monde britannique de 1815 à 1931*, Neuilly-sur-Seine, Atlande, 2010.

Bennet James A., *The Art of Swimming. Exemplified by diagrams from which both sexes may learn to swim and float on the water; and rules for all kinds of bathing in the preservation of health and cure of disease, with the management of diet from infancy to old age, and a valuable remedy against sea-sickness* [1846], New York, Collins, Brother & Co., 2018.

Chiapello Ève et Desrosières Alain, « La quantification de l'économie et la recherche en sciences sociales : paradoxes, contradictions et omissions. Le cas exemplaire de la *positive accounting theory* », in Eymard-Duvernay François (dir.), *L'économie des conventions*, t. I, Paris, La Découverte, 2006.

Desrosières Alain, *La politique des grands nombres. Histoire de la raison statistique* [1993], La Découverte, 2000.

Foucault Michel, *Dits et écrits*, t. IV, Paris, Gallimard, 1994.

FRAISSE Geneviève, *Muse de la Raison. Démocratie et exclusion des femmes en France* [1989], Folio/Gallimard, 1995.

FROST J., *The Art of Swimming. Containing instructions and cautions to learners*, New York, P. W. Gallaudet, 1818.

HACKING Ian, *The Emergence of Probability. A philosophical study of early ideas about probability, induction and statistical inference* [1975], Cambridge, Cambridge University Press, 2006.

—, *The Taming of Chance*, Cambridge, Cambridge University Press, 1990.

LAVATER Gaspard, *L'art de connaître les hommes par la physionomie*, Paris, Prudhomme et Levrault, Schoell et Cie, 1806.

ORY Pascal, *L'invention du bronzage. Essai d'une histoire culturelle* [2008], Paris, Flammarion, 2018.

PARÉ Ambroise, *Introduction à la chirurgie* [1575], in *Œuvres*, t. I, Paris, J.-B. Baillière, 1840-1841.

PORTER Roy et TEICH Mikuláš (dir.), *The Scientific Revolution in National Context*, Cambridge, Cambridge University Press, 1992.

POUCHER William A., *Perfumes, Cosmetics and Soaps. Volume I: The Raw Materials of Perfumery* [1925], Londres, Springer Netherlands, 1975.

QUETELET Adolphe, *Sur l'homme et le développement de ses facultés, ou Essai de physique sociale*, Paris, Bachelier, 1835.

SEIGNAN Gérard, « L'hygiène sociale au XIXe siècle : une physiologie morale », *Revue d'histoire du XIXe siècle*, n° 40, 2010.

SCHOFIELD Malcolm et STRIKER Gisela (dir.), *The Norms of Nature. Studies in Hellenistic ethics*, Cambridge, Cambridge University Press, 1986.

SEDGHI Hamideh, *Women and Politics in Iran. Veiling, Unveiling and Reveiling*, Cambridge, Cambridge University Press, 2007.

SPARKS Jared, *The Works of Benjamin Franklin. Containing several political and historical tracts not included in any former edition, and many letters, official and private, not hitherto published. With notes and a life of the author*, t. I, Boston, Hilliard, Gray & Co., 1840.

第六章

BARCAN Ruth, *Nudity: A Cultural Anatomy*, Oxford, Berg, 2004.

BARD Christine, *Une histoire politique du pantalon* [2010], Paris, Seuil, 2014.

—, *Les filles de Marianne. Histoire des féminismes (1914-1940)*, Paris, Fayard, 1995.

CUNNINGHAM Patricia A., *Reforming Women's Fashion, 1850-1920. Politics, health, and art*, Kent, Londres, Kent State University Press, 2003.

EDELKOORT Lidewij, *Fetichism in Fashion*, Amsterdam, Frame Publishers, 2013.

EICHER Joanne B., «Dress, the senses, and public, private, and secret selves», *Fashion Theory. The Journal of Dress Body & Culture*, vol. 25, 2021, n° 6.

HARTLEY Lucy, *Physiognomy and the Meaning of Expression in Nineteenth-Century Culture*, Cambridge, Cambridge University Press, 2001.

HERNANDEZ Hélène, «Pourquoi les femmes se soumettent: critique du patriarcat dans le mouvement anarchiste», *in* Francis McCollum Feeley (dir.), *Le patriarcat et les institutions américaines: Études comparées*, Chambéry, Presses universitaires Savoie Mont Blanc, 2009, p. 289-296.

HOBSBAWM Éric J., *L'ère des révolutions. 1789-1848* [1970], Paris, Fayard, 2011.

HOUZE Rebecca, «Fashionable reform dress and the invention of "Style" in Fin-de-siècle Vienna», *Fashion Theory. The Journal of Dress Body & Culture*, vol. 5, 2001, n° 1.

LANOË Catherine, «La céruse dans la fabrication des cosmétiques sous l'Ancien Régime (XVIe-XVIIIe siècles)», *Techniques & Culture*, vol. 38, 2002, n° 1.

MACLEOD Christine, *Heroes of Invention. Technology, liberalism and British identity, 1750-1914*, Cambridge, Cambridge University Press, 2010.

MILBANK Caroline R., *New York Fashion. The evolution of American style*, New York, Harry N. Abrams, 1989.

MILLET Audrey, *Vie et destin d'un dessinateur. Le journal d'Henri Lebert (1794-1862)*, Paris, Champ Vallon, 2018.

ORY Pascal, *L'invention du bronzage. Essai d'une histoire culturelle* [2008], Paris, Flammarion, 2018.

OVIDE, *L'Art d'aimer*, Torrazza Piemonte, FV éditions, 2012.

PROUDHON Pierre-Joseph, *La pornocratie, ou Les femmes dans les temps modernes*, Paris, 1875.

ROCHEFORT Florence, *Histoire mondiale des féminismes* [2018], Paris, Que sais-je?, 2020.

SALEEBY Caleb Williams, *Sunlight and Health*, Londres, Nisbet and Company, 1923.

SCHREIER Barbara A., « Sporting wear », *in* Claudia B. Kidwell et Valerie Steele (dir.), *Men and Women: Dressing the Part*, Washington, Smithsonian Institution Press, 1989.

STEELE Valerie, *The Corset: A Cultural History*, New Haven, Yale University Press, 2003.

—, *Fetish: Fashion, Sex, and Power*, Oxford, Oxford University Press, 1996.

STEWART Mary Lynn et JANOVICEK Nancy, « Slimming the female body? Re-evaluating dress, corsets, and physical culture in France, 1890s-1930s », *Fashion Theory. The Journal of Dress, Body & Culture*, vol. 19, 2015, n° 4.

THESANDER Marianne, *The Feminine Ideal*, Londres, Reaktion, 1997.

VELEZ Anne, *Les filles de l'eau. Une histoire des femmes et de la natation en France (1905-1939)*, thèse de doctorat en histoire contemporaine sous la direction de Christine Bard, Université d'Angers, 2010, publiée dans *Genre et histoire*, n° 8, 2011.

VIGARELLO Georges, *Le corps redressé. Histoire d'un pouvoir pédagogique* [1978], Paris, Armand Colin, 2001.

—, *Les métamorphoses du gras. Histoire de l'obésité*, Paris, Seuil, 2010.

第三部

第七章

ALAC Patrick, *La grande histoire du bikini*, Paris, Parkstone, 2002.

CHRISTENSEN Karen, *International Encyclopedia of Women and Sports*, vol. 1, New York, MacMillan Reference Library, 2001.

CUNNINGHAM Patricia A., « Swimwear in the thirties: the B.V.D. Company in a decade of innovation », *Dress – The Journal of the Costume Society of America*, n° 12, 1986.

—, « From underwear to swimwear: branding at Atlas and B.V.D. in the 1930s », *The Journal of American Culture*, vol. 32, 2009, n° 1.

DEFORT Frank, *There She Is. The life and times of Miss America*, New York, Viking Press, 1971.

DEVIENNE Elsa, « *Bathing beauties, bodybuilders* et surfeurs : l'émergence de cultures corporelles originales sur les plages de Los Angeles (années 1920-1930) », *Revue française d'études américaines*, vol. 142, 2015, n° 1.

ELIAS Norbert, *La civilisation des mœurs* [1973], traduit par Pierre Kamnitzer, Paris, Pocket, 2002.

FALUDI Susan, *Backlash. La guerre froide contre les femmes* [1991], Paris, Des femmes, 2005.

FARRELL-BECK Jane et GAU Colleen, *Uplift. The Bra in America*, Philadelphie, University of Pennsylvania Press, 2002.

FOURET Claude, « 1926 : la bataille de la Manche à la nage », *Staps*, vol. 66, 2004, n° 4.

GRANGER Christophe, « Batailles de plage. Nudité et pudeur dans l'entre-deux-guerres », *Rives nord-méditerranéennes*, n° 30, 2008.

—, « Le désordre des plages ou la difficile émergence d'un territoire à part, 1920-1940 », *Mondes du tourisme*, n° 9, 2014.

—, « Du relâchement des mœurs en régime tempéré. Corps et civilisation dans l'entre-deux-guerres », *Vingtième Siècle. Revue d'histoire*, vol. 106, 2010, n° 2.

LANSDELL Avril, *Seaside Fashions, 1860-1939*, Princes Risborough, Buckinghamshire, Shire Publications Ltd, 1990.

Mauss Marcel, «Les techniques du corps», *Journal de psychologie*, XXXII, 1936.

Millet Audrey, *Le livre noir de la mode. Création, production, manipulation*, Paris, Les Pérégrines, 2021.

Muldoon Katy, «Jantzen's 100-year history reveals how Portland-made swimwear changed the world – and vice versa», *The Oregonian*, 7 août 2010.

Oreskes Naomi, Erik M. Conway, *Les marchands de doute. Comment une poignée de scientifiques ont masqué la vérité sur des enjeux de société tels que le tabagisme et le réchauffement climatique*, Paris, Le Pommier, 2012.

Schmidt Christine, *The Swimsuit. Fashion from poolside to catwalk*, Londres, New York, Berg, 2012.

Vigarello Georges, *Le sain et le malsain. Santé et mieux-être depuis le Moyen Âge*, Paris, Seuil, 1993.

Vivier Christian, «Essais d'historiographie des pratiques corporelles de loisir: l'exemple balnéaire français», *Mov Sport Sci/Sci Mot*, vol. 86, 2014.

第八章

Ashford Theresa et Curtis Neal, «Wonder Woman: an assemblage of complete virtue packed in a tight swimsuit», *Law, Technology and Humans*, vol. 2, 2020, n° 2.

Bard Christine, *Ce que soulève la jupe*, Paris, Autrement, 2010.

Baubérot Arnaud, *Histoire du naturisme. Le mythe du retour à la nature*, Rennes, Presses universitaires de Rennes, 2004.

Fogg Marnie (dir.), *Tout sur la mode. Panorama des mouvements et des chefs-d'œuvre*, Paris, Flammarion, 2013.

Hebl Michelle R., King Eden B. et Lin Jean, «The swimsuit becomes us all: ethnicity, gender, and vulnerability to self-objectification», *Personality and Social Psychology Bulletin*, vol. 30, 2004, n° 10.

Granger Christophe, «Le corps en vacances. Culture somatique et sentiment de soi, 1930-1975», *Hypothèses*, vol. 6, 2003, n° 1.

Kaufmann Jean-Claude, *Corps de femmes, regards d'hommes. Sociologie des seins nus*, Paris, Nathan, 1995.

Kayoung Kim et Sagas Michael, «Athletic or sexy? A comparison of female athletes and fashion models in sports illustrated swimsuit issues», *Gender issues*, vol. 31, 2014, n° 2.

Lowe Michael R., Kral Tanja V. E. et Miller-Kovach Karen, «Weight-loss maintenance 1, 2 and 5 years after successful completion of a weight-loss programme», *British Journal of Nutrition*, vol. 99, 2008, n° 4.

McRobbie Angela, *The Aftermath of Feminism. Gender, culture and social change*, Londres, Sage, 2009.

Mendes Kaithlynn, «"Feminism rules! Now, where's my swimsuit?" Re-evaluating feminist discourse in print media 1968–2008», *Media, Culture & Society*, vol. 34, 2012, n° 5.

Parker Daniel, *The Bathing Suit. Christian liberty or secular idolatry*, Maitland, Xulon Press, 2003.

Rauch André, *Vacances en France de 1830 à nos jours*, Paris, Fayard, 2001.

Saillard Olivier, *Les maillots de bain*, Paris, Chêne, 1998.

Tsaousi Christiana, «How to organise your body: postfeminism and the (re)construction of the female body through *How to Look Good Naked*», *Media, Culture & Society*, vol. 39, 2017, n° 2.

Villaret Sylvain, *Histoire du naturisme en France depuis le siècle des Lumières*, Paris, Vuibert, 2005.

Wolf Naomi, *The Beauty Myth. How images of beauty are used against women* [1990], New York, Perennial, 2002.

第九章

Akou Heather Marie, «A brief history of the burqini. Confessions and controversies», *Dress – The Journal of the Costume Society of America*, vol. 39, 2013, n° 1.

Alonso Triana, «Le secteur du maillot de bain entend bien amorcer sa reprise dès 2022», traduit par Clémentine Martin, *Fashion Network*, 27 octobre 2021.

Bard Christine, *Une histoire politique du pantalon* [2010], Paris, Seuil, 2014.

BOWEN John R., *Why the French Don't Like Headscarves. Islam, the State, and public space*, Princeton, Oxford, Princeton University Press, 2006.

CENTRE INTERNATIONAL DE RECHERCHE SUR LE CANCER, rapport 2018.

COIFFARD Laurence et COUTEAU Céline, *Tout savoir sur les produits solaires*, Puteaux, 1Healthmedia, 2021.

CONDOMINES Anaïs, «Le "corps parfait" de Victoria's Secret fait polémique», LCI, 31 octobre 2014.

EICHER Joanne B., «Dress, the senses, and public, private, and secret selves», *Fashion Theory. The Journal of Dress Body & Culture*, vol. 25, 2021, n° 6.

GLOBAL INDUSTRY ANALYSTS, INC., *Swimwear and beachwear - Global market trajectory & analytics*, rapport, avril 2021.

JUNG Cindy, «Criminalization of the burkini», *Harvard International Review*, vol. 38, 2016, n° 1.

KERR James B. et MCELROY Thomas, «Evidence for large upward trends of ultraviolet-B radiation linked to ozone depletion», *Science*, n° 262, 1993.

KOLNAR Knut, *Pornutopia: glamour, kjendiskult, porno-chic, livsstilsex, konsum og begjær*, Trondheim, Tapir akademisk forlag, 2011.

MARTIRANO Dino, «Alfano: "Dico no alle provocazioni che potrebbero attirare attentati"», *Corriere della Sera*, 16 août 2017.

MIRGUET Olivier, «Spinali Design invente le maillot de bain connecté», *La Tribune*, 19 mai 2015.

OXFAM FRANCE, «Comment un an de crise sanitaire et économique est venu accentuer les inégalités femmes-hommes», 5 juin 2021.

PÉREZ-ROSARIO Vanessa, «On beauty and protest», *Women's Studies Quarterly*, vol. 46, 2018, n° 1/2.

SCARRY Elaine, *On Beauty and Being Just*, Princeton, Princeton University Press, 2001.

TEXTILE EXCHANGE, *2020 Preferred Fiber and Materials Market Report*.

WOLF Naomi, *The Beauty Myth. How images of beauty are used against women* [1990], New York, Perennial, 2002.

https://www.cancer-environnement.fr/268-Rayons-du-soleil.ce.aspx#Soleil%20et%20Cancers

致 谢

对于Les Pérégrines出版社在本书出版过程中给予的信任、协助和人文关怀,我诚表谢意。

新知文库

01 《证据：历史上最具争议的法医学案例》［美］科林·埃文斯 著　毕小青 译
02 《香料传奇：一部由诱惑衍生的历史》［澳］杰克·特纳 著　周子平 译
03 《查理曼大帝的桌布：一部开胃的宴会史》［英］尼科拉·弗莱彻 著　李响 译
04 《改变西方世界的26个字母》［英］约翰·曼 著　江正文 译
05 《破解古埃及：一场激烈的智力竞争》［英］莱斯利·罗伊·亚京斯 著　黄中宪 译
06 《狗智慧：它们在想什么》［加］斯坦利·科伦 著　江天帆、马云霏 译
07 《狗故事：人类历史上狗的爪印》［加］斯坦利·科伦 著　江天帆 译
08 《血液的故事》［美］比尔·海斯 著　郎可华 译　张铁梅 校
09 《君主制的历史》［美］布伦达·拉尔夫·刘易斯 著　荣予、方力维 译
10 《人类基因的历史地图》［美］史蒂夫·奥尔森 著　霍达文 译
11 《隐疾：名人与人格障碍》［德］博尔温·班德洛 著　麦湛雄 译
12 《逼近的瘟疫》［美］劳里·加勒特 著　杨岐鸣、杨宁 译
13 《颜色的故事》［英］维多利亚·芬利 著　姚芸竹 译
14 《我不是杀人犯》［法］弗雷德里克·肖索依 著　孟晖 译
15 《说谎：揭穿商业、政治与婚姻中的骗局》［美］保罗·埃克曼 著　邓伯宸 译　徐国强 校
16 《蛛丝马迹：犯罪现场专家讲述的故事》［美］康妮·弗莱彻 著　毕小青 译
17 《战争的果实：军事冲突如何加速科技创新》［美］迈克尔·怀特 著　卢欣渝 译
18 《最早发现北美洲的中国移民》［加］保罗·夏亚松 著　暴永宁 译
19 《私密的神话：梦之解析》［英］安东尼·史蒂文斯 著　薛绚 译
20 《生物武器：从国家赞助的研制计划到当代生物恐怖活动》［美］珍妮·吉耶曼 著　周子平 译
21 《疯狂实验史》［瑞士］雷托·U. 施奈德 著　许阳 译
22 《智商测试：一段闪光的历史，一个失色的点子》［美］斯蒂芬·默多克 著　卢欣渝 译
23 《第三帝国的艺术博物馆：希特勒与"林茨特别任务"》［德］哈恩斯－克里斯蒂安·罗尔 著　孙书柱、刘英兰 译
24 《茶：嗜好、开拓与帝国》［英］罗伊·莫克塞姆 著　毕小青 译
25 《路西法效应：好人是如何变成恶魔的》［美］菲利普·津巴多 著　孙佩妏、陈雅馨 译

26	《阿司匹林传奇》	[英]迪尔米德·杰弗里斯 著　暴永宁、王惠 译
27	《美味欺诈：食品造假与打假的历史》	[英]比·威尔逊 著　周继岚 译
28	《英国人的言行潜规则》	[英]凯特·福克斯 著　姚芸竹 译
29	《战争的文化》	[以]马丁·范克勒韦尔德 著　李阳 译
30	《大背叛：科学中的欺诈》	[美]霍勒斯·弗里兰·贾德森 著　张铁梅、徐国强 译
31	《多重宇宙：一个世界太少了？》	[德]托比阿斯·胡阿特、马克斯·劳讷 著　车云 译
32	《现代医学的偶然发现》	[美]默顿·迈耶斯 著　周子平 译
33	《咖啡机中的间谍：个人隐私的终结》	[英]吉隆·奥哈拉、奈杰尔·沙德博尔特 著　毕小青 译
34	《洞穴奇案》	[美]彼得·萨伯 著　陈福勇、张世泰 译
35	《权力的餐桌：从古希腊宴会到爱丽舍宫》	[法]让－马克·阿尔贝 著　刘可有、刘惠杰 译
36	《致命元素：毒药的历史》	[英]约翰·埃姆斯利 著　毕小青 译
37	《神祇、陵墓与学者：考古学传奇》	[德]C.W.策拉姆 著　张芸、孟薇 译
38	《谋杀手段：用刑侦科学破解致命罪案》	[德]马克·贝内克 著　李响 译
39	《为什么不杀光？种族大屠杀的反思》	[美]丹尼尔·希罗、克拉克·麦考利 著　薛绚 译
40	《伊索尔德的魔汤：春药的文化史》	[德]克劳迪娅·米勒－埃贝林、克里斯蒂安·拉奇 著　王泰智、沈惠珠 译
41	《错引耶稣：〈圣经〉传抄、更改的内幕》	[美]巴特·埃尔曼 著　黄恩邻 译
42	《百变小红帽：一则童话中的性、道德及演变》	[美]凯瑟琳·奥兰丝汀 著　杨淑智 译
43	《穆斯林发现欧洲：天下大国的视野转换》	[英]伯纳德·刘易斯 著　李中文 译
44	《烟火撩人：香烟的历史》	[法]迪迪埃·努里松 著　陈睿、李欣 译
45	《菜单中的秘密：爱丽舍宫的飨宴》	[日]西川惠 著　尤可欣 译
46	《气候创造历史》	[瑞士]许靖华 著　甘锡安 译
47	《特权：哈佛与统治阶层的教育》	[美]罗斯·格雷戈里·多塞特 著　珍栎 译
48	《死亡晚餐派对：真实医学探案故事集》	[美]乔纳森·埃德罗 著　江孟蓉 译
49	《重返人类演化现场》	[美]奇普·沃尔特 著　蔡承志 译
50	《破窗效应：失序世界的关键影响力》	[美]乔治·凯林、凯瑟琳·科尔斯 著　陈智文 译
51	《违童之愿：冷战时期美国儿童医学实验秘史》	[美]艾伦·M.霍恩布鲁姆、朱迪斯·L.纽曼、格雷戈里·J.多贝尔 著　丁立松 译
52	《活着有多久：关于死亡的科学和哲学》	[加]理查德·贝利沃、丹尼斯·金格拉斯 著　白紫阳 译

53 《疯狂实验史Ⅱ》[瑞士]雷托·U.施奈德 著　郭鑫、姚敏多 译
54 《猿形毕露：从猩猩看人类的权力、暴力、爱与性》[美]弗朗斯·德瓦尔 著　陈信宏 译
55 《正常的另一面：美貌、信任与养育的生物学》[美]乔丹·斯莫勒 著　郑嬿 译
56 《奇妙的尘埃》[美]汉娜·霍姆斯 著　陈芝仪 译
57 《卡路里与束身衣：跨越两千年的节食史》[英]路易丝·福克斯克罗夫特 著　王以勤 译
58 《哈希的故事：世界上最具暴利的毒品业内幕》[英]温斯利·克拉克森 著　珍栎 译
59 《黑色盛宴：嗜血动物的奇异生活》[美]比尔·舒特 著　帕特里曼·J.温 绘图　赵越 译
60 《城市的故事》[美]约翰·里德 著　郝笑丛 译
61 《树荫的温柔：亘古人类激情之源》[法]阿兰·科尔班 著　苜蓿 译
62 《水果猎人：关于自然、冒险、商业与痴迷的故事》[加]亚当·李斯·格尔纳 著　于是 译
63 《囚徒、情人与间谍：古今隐形墨水的故事》[美]克里斯蒂·马克拉奇斯 著　张哲、师小涵 译
64 《欧洲王室另类史》[美]迈克尔·法夸尔 著　康怡 译
65 《致命药瘾：让人沉迷的食品和药物》[美]辛西娅·库恩等 著　林慧珍、关莹 译
66 《拉丁文帝国》[法]弗朗索瓦·瓦克 著　陈绮文 译
67 《欲望之石：权力、谎言与爱情交织的钻石梦》[美]汤姆·佐尔纳 著　麦慧芬 译
68 《女人的起源》[英]伊莲·摩根 著　刘筠 译
69 《蒙娜丽莎传奇：新发现破解终极谜团》[美]让-皮埃尔·伊斯鲍茨、克里斯托弗·希斯·布朗 著　陈薇薇 译
70 《无人读过的书：哥白尼〈天体运行论〉追寻记》[美]欧文·金格里奇 著　王今、徐国强 译
71 《人类时代：被我们改变的世界》[美]黛安娜·阿克曼 著　伍秋玉、澄影、王丹 译
72 《大气：万物的起源》[英]加布里埃尔·沃克 著　蔡承志 译
73 《碳时代：文明与毁灭》[美]埃里克·罗斯顿 著　吴妍仪 译
74 《一念之差：关于风险的故事与数字》[英]迈克尔·布拉斯兰德、戴维·施皮格哈尔特 著　威治 译
75 《脂肪：文化与物质性》[美]克里斯托弗·E.福思、艾莉森·利奇 编著　李黎、丁立松 译
76 《笑的科学：解开笑与幽默感背后的大脑谜团》[美]斯科特·威姆斯 著　刘书维 译
77 《黑丝路：从里海到伦敦的石油溯源之旅》[英]詹姆斯·马里奥特、米卡·米尼奥-帕卢埃洛 著　黄煜文 译

78	《通向世界尽头：跨西伯利亚大铁路的故事》[英] 克里斯蒂安·沃尔玛 著　李阳 译	
79	《生命的关键决定：从医生做主到患者赋权》[美] 彼得·于贝尔 著　张琼懿 译	
80	《艺术侦探：找寻失踪艺术瑰宝的故事》[英] 菲利普·莫尔德 著　李欣 译	
81	《共病时代：动物疾病与人类健康的惊人联系》[美] 芭芭拉·纳特森－霍洛威茨、凯瑟琳·鲍尔斯 著　陈筱婉 译	
82	《巴黎浪漫吗？——关于法国人的传闻与真相》[英] 皮乌·玛丽·伊特韦尔 著　李阳 译	
83	《时尚与恋物主义：紧身褡、束腰术及其他体形塑造法》[美] 戴维·孔兹 著　珍栎 译	
84	《上穷碧落：热气球的故事》[英] 理查德·霍姆斯 著　暴永宁 译	
85	《贵族：历史与传承》[法] 埃里克·芒雄－里高 著　彭禄娴 译	
86	《纸影寻踪：旷世发明的传奇之旅》[英] 亚历山大·门罗 著　史先涛 译	
87	《吃的大冒险：烹饪猎人笔记》[美] 罗布·沃乐什 著　薛绚 译	
88	《南极洲：一片神秘的大陆》[英] 加布里埃尔·沃克 著　蒋功艳、岳玉庆 译	
89	《民间传说与日本人的心灵》[日] 河合隼雄 著　范作申 译	
90	《象牙维京人：刘易斯棋中的北欧历史与神话》[美] 南希·玛丽·布朗 著　赵越 译	
91	《食物的心机：过敏的历史》[英] 马修·史密斯 著　伊玉岩 译	
92	《当世界又老又穷：全球老龄化大冲击》[美] 泰德·菲什曼 著　黄煜文 译	
93	《神话与日本人的心灵》[日] 河合隼雄 著　王华 译	
94	《度量世界：探索绝对度量衡体系的历史》[美] 罗伯特·P. 克里斯 著　卢欣渝 译	
95	《绿色宝藏：英国皇家植物园史话》[英] 凯茜·威利斯、卡罗琳·弗里 著　珍栎 译	
96	《牛顿与伪币制造者：科学巨匠鲜为人知的侦探生涯》[美] 托马斯·利文森 著　周子平 译	
97	《音乐如何可能？》[法] 弗朗西斯·沃尔夫 著　白紫阳 译	
98	《改变世界的七种花》[英] 詹妮弗·波特 著　赵丽洁、刘佳 译	
99	《伦敦的崛起：五个人重塑一座城》[英] 利奥·霍利斯 著　宋美莹 译	
100	《来自中国的礼物：大熊猫与人类相遇的一百年》[美] 亨利·尼科尔斯 著　黄建强 译	
101	《筷子：饮食与文化》[美] 王晴佳 著　汪精玲 译	
102	《天生恶魔？：纽伦堡审判与罗夏墨迹测验》[美] 乔尔·迪姆斯代尔 著　史先涛 译	
103	《告别伊甸园：多偶制怎样改变了我们的生活》[美] 戴维·巴拉什 著　吴宝沛 译	
104	《第一口：饮食习惯的真相》[英] 比·威尔逊 著　唐海娇 译	
105	《蜂房：蜜蜂与人类的故事》[英] 比·威尔逊 著　暴永宁 译	

106 《过敏大流行:微生物的消失与免疫系统的永恒之战》[美]莫伊塞斯·贝拉斯克斯-曼诺夫 著 李黎、丁立松 译

107 《饭局的起源:我们为什么喜欢分享食物》[英]马丁·琼斯 著 陈雪香 译 方辉 审校

108 《金钱的智慧》[法]帕斯卡尔·布吕克内 著 张叶、陈雪乔 译 张新木 校

109 《杀人执照:情报机构的暗杀行动》[德]埃格蒙特·R.科赫 著 张芸、孔令逊 译

110 《圣安布罗焦的修女们:一个真实的故事》[德]胡贝特·沃尔夫 著 徐逸群 译

111 《细菌:我们的生命共同体》[德]汉诺·夏里修斯、里夏德·弗里贝 著 许嫚红 译

112 《千丝万缕:头发的隐秘生活》[英]爱玛·塔罗 著 郑嬿 译

113 《香水史诗》[法]伊丽莎白·德·费多 著 彭禄娴 译

114 《微生物改变命运:人类超级有机体的健康革命》[美]罗德尼·迪塔特 著 李秦川 译

115 《离开荒野:狗猫牛马的驯养史》[美]加文·艾林格 著 赵越 译

116 《不生不熟:发酵食物的文明史》[法]玛丽-克莱尔·弗雷德里克 著 冷碧莹 译

117 《好奇年代:英国科学浪漫史》[英]理查德·霍姆斯 著 暴永宁 译

118 《极度深寒:地球最冷地域的极限冒险》[英]雷纳夫·法恩斯 著 蒋功艳、岳玉庆 译

119 《时尚的精髓:法国路易十四时代的优雅品位及奢侈生活》[美]琼·德让 著 杨冀 译

120 《地狱与良伴:西班牙内战及其造就的世界》[美]理查德·罗兹 著 李阳 译

121 《骗局:历史上的骗子、赝品和诡计》[美]迈克尔·法夸尔 著 康怡 译

122 《丛林:澳大利亚内陆文明之旅》[澳]唐·沃森 著 李景艳 译

123 《书的大历史:六千年的演化与变迁》[英]基思·休斯敦 著 伊玉岩、邵慧敏 译

124 《战疫:传染病能否根除?》[美]南希·丽思·斯特潘 著 郭骏、赵谊 译

125 《伦敦的石头:十二座建筑塑名城》[英]利奥·霍利斯 著 罗隽、何晓昕、鲍捷 译

126 《自愈之路:开创癌症免疫疗法的科学家们》[美]尼尔·卡纳万 著 贾颋 译

127 《智能简史》[韩]李大烈 著 张之昊 译

128 《家的起源:西方居所五百年》[英]朱迪丝·弗兰德斯 著 珍栎 译

129 《深解地球》[英]马丁·拉德威克 著 史先涛 译

130 《丘吉尔的原子弹:一部科学、战争与政治的秘史》[英]格雷厄姆·法米罗 著 刘晓 译

131 《亲历纳粹:见证战争的孩子们》[英]尼古拉斯·斯塔加特 著 卢欣渝 译

132 《尼罗河:穿越埃及古今的旅程》[英]托比·威尔金森 著 罗静 译

133 《大侦探：福尔摩斯的惊人崛起和不朽生命》[美] 扎克·邓达斯 著　肖洁茹 译

134 《世界新奇迹：在20座建筑中穿越历史》[德] 贝恩德·英玛尔·古特贝勒特 著　孟薇、张芸 译

135 《毛奇家族：一部战争史》[德] 奥拉夫·耶森 著　蔡玳燕、孟薇、张芸 译

136 《万有感官：听觉塑造心智》[美] 塞思·霍罗威茨 著　蒋雨蒙 译　葛鉴桥 审校

137 《教堂音乐的历史》[德] 约翰·欣里希·克劳森 著　王泰智 译

138 《世界七大奇迹：西方现代意象的流变》[英] 约翰·罗谟、伊丽莎白·罗谟 著　徐剑梅 译

139 《茶的真实历史》[美] 梅维恒、[瑞典] 郝也麟 著　高文海 译　徐文堪 校译

140 《谁是德古拉：吸血鬼小说的人物原型》[英] 吉姆·斯塔迈耶 著　刘芳 译

141 《童话的心理分析》[瑞士] 维蕾娜·卡斯特 著　林敏雅 译　陈瑛 修订

142 《海洋全球史》[德] 米夏埃尔·诺尔特 著　夏嬬、魏子扬 译

143 《病毒：是敌人，更是朋友》[德] 卡琳·莫林 著　孙薇娜、孙娜薇、游辛田 译

144 《疫苗：医学史上最伟大的救星及其争议》[美] 阿瑟·艾伦 著　徐宵寒、邹梦廉 译　刘火雄 审校

145 《为什么人们轻信奇谈怪论》[美] 迈克尔·舍默 著　卢明君 译

146 《肤色的迷局：生物机制、健康影响与社会后果》[美] 尼娜·雅布隆斯基 著　李欣 译

147 《走私：七个世纪的非法携运》[挪] 西蒙·哈维 著　李阳 译

148 《雨林里的消亡：一种语言和生活方式在巴布亚新几内亚的终结》[瑞典] 唐·库里克 著　沈河西 译

149 《如果不得不离开：关于衰老、死亡与安宁》[美] 萨缪尔·哈灵顿 著　丁立松 译

150 《跑步大历史》[挪] 托尔·戈塔斯 著　张翎 译

151 《失落的书》[英] 斯图尔特·凯利 著　卢葳、汪梅子 译

152 《诺贝尔晚宴：一个世纪的美食历史（1901—2001）》[瑞典] 乌利卡·索德琳德 著　张崎 译

153 《探索亚马孙：华莱士、贝茨和斯普鲁斯在博物学乐园》[巴西] 约翰·亨明 著　法磊 译

154 《树懒是节能，不是懒！：出人意料的动物真相》[英] 露西·库克 著　黄悦 译

155 《本草：李时珍与近代早期中国博物学的转向》[加] 卡拉·纳皮 著　刘黎琼 译

156 《制造非遗：〈山鹰之歌〉与来自联合国的其他故事》[冰] 瓦尔迪马·哈夫斯泰因 著　闾人 译　马莲 校

157 《密码女孩：未被讲述的二战往事》[美] 莉莎·芒迪 著　杨可 译

158 《鲸鱼海豚有文化：探索海洋哺乳动物的社会与行为》［加］哈尔·怀特黑德［英］卢克·伦德尔 著　葛鉴桥 译

159 《从马奈到曼哈顿——现代艺术市场的崛起》［英］彼得·沃森 著　刘康宁 译

160 《贫民窟：全球不公的历史》［英］艾伦·梅恩 著　尹宏毅 译

161 《从丹皮尔到达尔文：博物学家的远航科学探索之旅》［英］格林·威廉姆斯 著　珍栎 译

162 《任性的大脑：潜意识的私密史》［英］盖伊·克拉克斯顿 著　姚芸竹 译

163 《女人的笑：一段征服的历史》［法］萨宾娜·梅尔基奥尔－博奈 著　陈静 译

164 《第一只狗：我们最古老的伙伴》［美］帕特·希普曼 著　卢炜、魏琛璐、娄嘉丽 译

165 《解谜：向18种经典谜题的巅峰发起挑战》［美］A. J. 雅各布斯 著　肖斌斌 译

166 《隐形：不被发现的历史与科学》［美］格雷戈里·J. 格布尔 著　林庆新等 译

167 《自然新解》［澳］蒂姆·洛 著　林庆新、刘伟、毛怡灵 译

168 《生态现代主义：技术、政治与气候危机》［澳］乔纳森·西蒙斯 著　林庆新、吴可 译

169 《身体的价值：当科技重塑死亡的边界》［美］约翰·特罗耶 著　林庆新、吴楠、陈晖 译

170 《裸露的尺度：泳衣文化史》［法］奥黛莉·米耶 著　彭禄娴 译